Thomas Wenisch

Prüfungstraining Physik für Mediziner

Thomas Wenisch

Prüfungstraining Physik für Mediziner

1. Auflage

ELSEVIER

Elsevier GmbH, Hackerbrücke 6, 80335 München, Deutschland
Wir freuen uns über Ihr Feedback und Ihre Anregungen an books.cs.muc@elsevier.com

ISBN 978-3-437-44024-3

1. Auflage 2020

Wichtiger Hinweis für den Benutzer
Ärzte/Praktiker und Forscher müssen sich bei der Bewertung und Anwendung aller hier beschriebenen Informationen, Methoden, Wirkstoffe oder Experimente stets auf ihre eigenen Erfahrungen und Kenntnisse verlassen. Bedingt durch den schnellen Wissenszuwachs insbesondere in den medizinischen Wissenschaften sollte eine unabhängige Überprüfung von Diagnosen und Arzneimitteldosierungen erfolgen. Im größtmöglichen Umfang des Gesetzes wird von Elsevier, den Autoren, Redakteuren oder Beitragenden keinerlei Haftung in Bezug auf jegliche Verletzung und/oder Schäden an Personen oder Eigentum, im Rahmen von Produkthaftung, Fahrlässigkeit oder anderweitig, übernommen. Dies gilt gleichermaßen für jegliche Anwendung oder Bedienung der in diesem Werk aufgeführten Methoden, Produkte, Anweisungen oder Konzepte.

Für die Vollständigkeit und Auswahl der aufgeführten Medikamente übernimmt der Verlag keine Gewähr.
Geschützte Warennamen (Warenzeichen) werden in der Regel besonders kenntlich gemacht (®). Aus dem Fehlen eines solchen Hinweises kann jedoch nicht automatisch geschlossen werden, dass es sich um einen freien Warennamen handelt.

Bibliografische Information der Deutschen Nationalbibliothek
Die Deutsche Nationalbibliothek verzeichnet diese Publikation in der Deutschen Nationalbibliografie; detaillierte bibliografische Daten sind im Internet über http://www.d-nb.de/ abrufbar.

20 21 22 23 24 5 4 3 2 1

Um den Textfluss nicht zu stören, wurde bei Patienten und Berufsbezeichnungen die grammatikalisch maskuline Form gewählt. Selbstverständlich sind in diesen Fällen immer Frauen und Männer gemeint.

Planung: Veronika Rojacher, München
Projektmanagement: Stefanie Schröder, München
Redaktion und Herstellung: Hildegard Graf, Germering
Satz: abavo GmbH, Buchloe
Druck und Bindung: Drukarnia Dimograf Sp. z o. o., Bielsko-Biała/Polen
Fotos/Zeichnungen: Dr. Wolfgang Zettelmeier; Abb. unter 1.5 (21) von abavo GmbH, Buchloe
Umschlaggestaltung: SpieszDesign, Neu-Ulm
Titelfotografie: © cameravit – stock.adobe.com

Aktuelle Informationen finden Sie im Internet unter **www.elsevier.de**

Vorwort

Die Physik ist im Medizinstudium eines der *„kleinen Fächer"*, das aber vielen Studenten große Probleme bereitet. Mancher der Leser wird beim Besuch der Vorlesung oder im Physikpraktikum gedacht haben, das Gehirn der Physiker müsse auf irgendeine Art anatomisch anders verschaltet sein als das eines *„normalen"* Menschen.

Dem ist aber nicht so. Das *„physikalische Denken"* lässt sich erlernen und trainieren wie jede andere Fertigkeit. Eine Trainingsmöglichkeit hierzu soll Ihnen dieses Übungsbuch geben.

Denn Physik lässt sich nicht alleine durch das Lesen eines Lehrbuches oder das Auswendiglernen von Formeln verstehen. Es ist das selbstständige Lösen von Problemen erforderlich, um die Zusammenhänge zu verstehen.

Sie finden in diesem Buch 265 Aufgaben. Viele davon sind Multiple-Choice-Fragen, da dies der in der Medizinerausbildung favorisierte Prüfungsstil ist. Es handelt sich aber um keine erneute Zusammenstellung der IMPP-Fragen, von denen es schon genügend auf dem Markt gibt. Die Aufgaben sind neu konzipiert und im Stil den IMPP-Fragen nachempfunden.

Die Multiple-Choice Aufgaben können ohne Hilfsmittel gelöst werden. Soweit Rechnungen erforderlich sind, lässt sich das Ergebnis durch Kopfrechnen abschätzen. Daneben finden Sie Aufgaben ohne vorgegebene Antworten. Hier sind etwas ausführlichere Rechnungen gefordert, zu denen Sie Papier und Taschenrechner benötigen.

Einen wesentlichen Teil dieses Buches nimmt die ausführliche Darstellung der Lösungen der Aufgaben ein. Die jeweils richtige Antwort wird begründet und der Rechenweg angegeben.

Es gibt keinen Grund zur Sorge, wenn Sie nicht alle Aufgaben sofort lösen können. Ein wesentlicher Lernfortschritt entsteht beim Nachvollziehen der angegebenen Lösungswege, wodurch die für die Lösung erforderliche Strategie deutlich wird.

Die Einteilung des Aufgabenteils in Haupt- und Unterkapitel richtet sich nach dem Gegenstandskatalog. Die weitere inhaltliche Gliederung entspricht dem von mir verfassten Kurzlehrbuch Physik.

Sie können daher die Aufgaben dieses Übungsbuches sehr gut parallel zum Studium des Kurzlehrbuches, aber auch anderer Lehrbücher für Mediziner bearbeiten.

Ich wünsche Ihnen ein erfolgreiches Prüfungstraining!

An dieser Stelle möchte ich auch allen Mitarbeitern des Elsevier Verlages danken, die am Erscheinen dieses Buches mitgewirkt haben.

Februar 2020
Thomas Wenisch

Zu den Übungen

In den Lückentexte müssen fehlende Worte bzw. Angaben ergänzt werden.

Tabellen, in denen ebenfalls fehlende Angaben ergänzt werden müssen.

Hier sollten Sie freie Antworten formulieren.

Hier gilt es, eine Zeichnung oder eine Skizze zu erstellen.

Diese Aufgaben erfordern eine rechnerische Lösung.

Multiple-Choice-Aufgaben – der Klassiker bei den schriftlichen Prüfungen.

IMPP-Hit

Diese Aufgaben behandeln Themen, die im IMPP ganz besonders gerne drankommen.

Inhaltsverzeichnis

I Aufgaben

II Lösungen

KAPITEL

1 Grundbegriffe des Messens und der quantitativen Beschreibung

1.1 Wegweiser

Sie sollten die wichtigsten physikalischen Größen und ihre Einheiten kennen. Alle in der Physik und Technik verwendeten Größen und Einheiten können aus den 7 Basisgrößen des internationalen Einheitensystems abgeleitet werden.
Die Umrechnung von dezimalen Vielfachen sowie das Rechnen mit Zehnerpotenzen kommt häufig in Prüfungsfragen vor. Dies sollten Sie üben und auch ohne Taschenrechner beherrschen.
Bei der Statistik sind Normalverteilung, Mittelwert, Standardabweichung und die Konfidenzintervalle gerne gefragte Themen.

1.2 Physikalische Größen

Das internationale Einheitensystem (SI)

(1) Nennen Sie die 7 Basisgrößen des internationalen Einheitensystems und ihre Einheiten und Abkürzungen.

IMPP-Hit

Abgeleitete Einheiten

(2) Drücken Sie die Einheit der elektrischen Spannung Volt (V) durch die Basiseinheiten des internationalen Einheitensystems aus.
Lösungshilfe: Betrachten Sie zunächst die Definition der elektrischen Feldstärke.

IMPP-Hit

Dezimale Vielfache

(3) Vorsilben vor den Einheiten kennzeichnen dezimale Vielfache. Gebräuchliche Vorsilben sind: **Centi-, Dezi-, Femto-, Giga-, Hekto-, Kilo-, Mega-, Milli-, Mikro-, Nano-, Pico-, Tera-.**
Ordnen Sie die Vorsilben entsprechend ihrer Größenordnung und geben Sie die zugehörige Zehnerpotenz an.

IMPP-Hit

Dezimale Vielfache-Umrechnung

(4) Ein kugelförmiger Wassertropfen hat einen Durchmesser von 4 mm. Welche der Angaben über Umfang U, Querschnittsfläche A, Oberfläche O und Volumen V sind richtig?

	Richtig	Falsch
$U = 2\pi 10^{-1}\,cm$		
$A = 2\pi 10^{-3}\,m^2$		
$O = 8\pi 10^{-2}\,cm^2$		
$V = \frac{32}{3}\pi 10^{-6}\,L$		
$U = 4\pi 10^{-3} \cdot m$		
$O = 0{,}016\pi \cdot cm^2$		
$A = 40000\pi\ \mu m^2$		
$V = \frac{32}{3}\pi 10^{-8}\,m^3$		
$V = \frac{16}{3}\pi 10^{-3}\,cm^3$		

Skalare und Vektoren

(5) Welche der angegebenen Größen sind Skalare und welche sind Vektoren?

Größe	Skalar	Vektor
Temperatur		
Dichte		
Geschwindigkeit		
Drehimpuls		
Energie		
Kraft		
elektrische Feldstärke		
Masse		
Drehmoment		
Volumen		
Fläche		

Skalare Größen

(6) Ein Skalar ...
(A) ist eine Zahl.
(B) hat eine Richtung.
(C) besteht aus einer Zahl und einer Einheit.
(D) ist nie negativ.
(E) kann in einen Vektor umgewandelt werden.

Größen und Einheiten

IMPP-Hit

(7) Teilt man eine physikalische Größe durch ihre Einheit, erhält man ...
(A) eine neue Einheit.
(B) eine andere Größe.
(C) einen reinen Zahlenwert.
(D) den Betrag der jeweiligen Größe.
(E) ihren Kehrwert.

Betrag von Vektoren

(8) Der Betrag eines Vektors ...
(A) ist die Summe seiner Komponenten.
(B) ist die Summe der Quadrate seiner Komponenten.
(C) kann nicht Null werden.
(D) hängt von der Orientierung im Raum ab.
(E) gibt die Länge des Vektors an.

Abgeleitete Einheiten

IMPP-Hit

(9) Die Einheit der Kraft, das Newton (N), lässt sich formal ausdrücken als:
1. $kg \cdot m \cdot s^{-2}$
2. $kg \cdot m^2 \cdot s^{-2}$
3. $W \cdot s \cdot m^{-1}$
4. $J \cdot m^{-1}$
5. $J \cdot s^{-1}$

Richtig sind ...
(A) nur 1
(B) 1, 3 und 4
(C) 2, 3, und 4
(D) 2 und 4
(E) alle Antworten

IMPP-Hit

Der Friedhof der Physiker

(10) Die meisten physikalischen Einheiten sind nach bekannten, aber heute nicht mehr lebenden Physikern benannt.
Nennen Sie die Einheiten zu den angegeben Größen.
Die Lösung liegt in Ihrem Herzen.

1. Leistung
2. Energiedosis
3. Aktivität (alte Einheit)
4. Energie
5. Stromstärke
6. Äquivalentdosis
7. Kapazität
8. magnetische Flussdichte
9. Temperatur
10. Ladung
11. Druck
12. Kraft

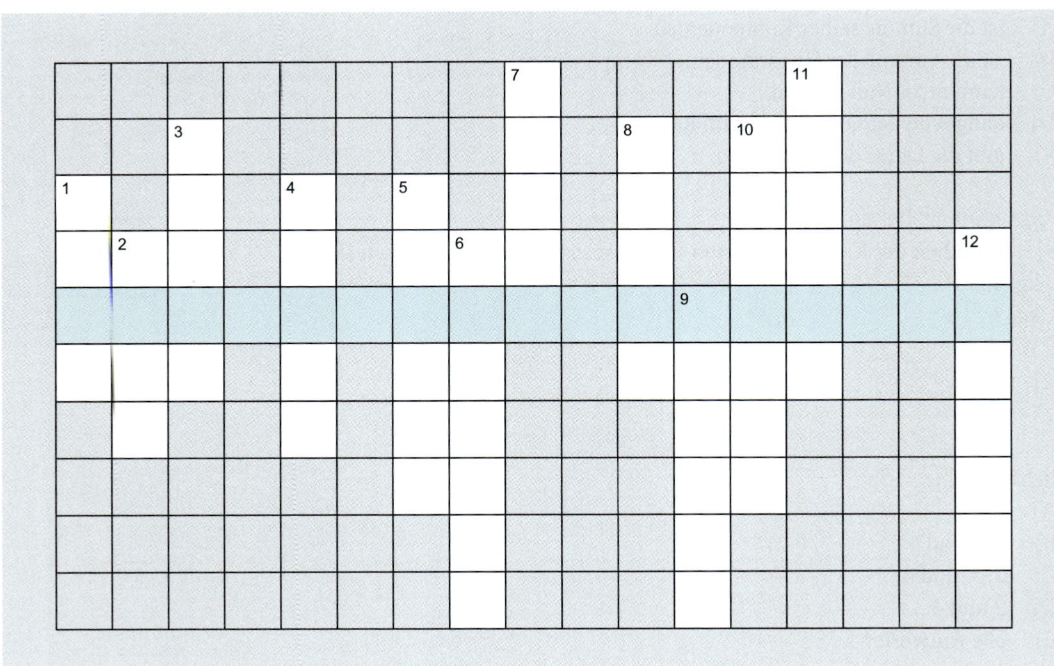

1.3 Fehler und Unsicherheiten beim Messen

Messfehler

(11) Der Wert einer Spannung ist angegeben mit U = 8 V ± 0,2 V.

	Richtig	Falsch
Der systematische Fehler beträgt 0,2 V.		
Angegeben ist der absolute Fehler.		
Der Fehler beträgt 20 %.		
Der relative Fehler beträgt 2,5 %.		
Bei erneuter Messung liegen die Werte zwischen 7,8 V und 8,2 V.		

Fehlerfortpflanzung

(12) Bei der Heizwicklung eines elektrischen Tauchsieders werden die folgenden Werte gemessen: U = 200 V ± 4 V, I = 5 A ± 50 mA. Die Unsicherheit bei der Angabe der Heizleistung liegt bei …

(A) 0,5 W
(B) 0,03 kW
(C) 10 W
(D) 20 W
(E) 30 kW

Statistik

IMPP-Hit

(13) Es wurden zwei Messreihen A und B durchgeführt.

A	B
50 cm	82 cm
48 cm	75 cm
52 cm	80 cm
55 cm	78 cm
45 cm	85 cm

Beurteilen Sie die folgenden Aussagen:

	Richtig	Falsch
Beide Reihen haben den gleichen Mittelwert.		
Beide Reihen haben den gleichen absoluten Fehler.		
Beide Reihen haben den gleichen relativen Fehler.		
Die Standardabweichung von A beträgt 3,8 cm.		
Die Standardabweichung von B beträgt 4,2 cm.		
Der relative Fehler von A beträgt 4,75 %.		
Der relative Fehler von B beträgt 4,75 %.		
Messung B ist genauer als Messung A.		

IMPP-Hit

Normalverteilung

(14) Das Geburtsgewicht von Neugeborenen ist normalverteilt und beträgt 3400 g ± 250 g. Welcher Prozentsatz der Neugeborenen wiegt mehr als 3900 g?

(A) 1 %
(B) 2,5 %
(C) 5 %
(D) 8 %
(E) 16 %

Fehler

(15) Keine Größe kann beliebig ____________ bestimmt werden. Es treten immer ____________ auf. Es wird zwischen ____________ und zufälligen Fehlern unterschieden. Systematische Fehler können ____________ werden, wenn Ihre Entstehung bekannt ist. Zufällige Fehler können mit ____________ Methoden abgeschätzt werden.

Zufällige Einflüsse führen in der Regel zu einer ____________ der Werte. Es entsteht die typische Gauß'sche ____________. Sie ist ____________ um einen Mittelwert μ.

Der Abstand der ____________ vom Mittelwert ist die Standardabweichung σ. In den ____________ [σ ± μ], [σ ± 2μ] und [σ ±3 μ] liegen rund ______ %, ______ % bzw. ______ % aller Werte.

1.4 Mathematische Zusammenhänge zwischen physikalischen Größen

IMPP-Hit

Vektorprodukt

(16) Beim vektoriellen Produkt …

1. entsteht ein neuer Vektor, der in der von den Ausgangsvektoren aufgespannten Ebene liegt.
2. entsteht ein neuer Vektor, der senkrecht auf der von den Ausgangsvektoren aufgespannten Ebene liegt.
3. ist gleich Null, wenn die Vektoren parallel oder antiparallel sind.
4. ist gleich Null, wenn die Vektoren zueinander senkrecht stehen.
5. ist das Vektorprodukt kommutativ.

Welche Aussagen treffen zu?

(A) nur 2
(B) 1 und 3
(C) 2, 3, und 4
(D) 2 und 3
(E) 2, 3 und 4

Differenzielle Größen

(17) Viele physikalische Größen sind als Differenzialquotient zweier anderer Größen definiert. Beurteilen Sie die folgenden Aussagen:

IMPP-Hit

	Richtig	Falsch
Der Differenzialquotient gibt die Steigung einer Funktion an.		
Die Beschleunigung ist der Differenzialquotient aus Geschwindigkeit und Zeit.		
Der Differenzialquotient wird auch als Ableitung bezeichnet.		
Ableitungen nach der Zeit werden auch durch einen Punkt gekennzeichnet.		
Der Differenzialquotient gibt die Krümmung einer Funktion an.		
Die Arbeit ist definiert als der Differenzialquotient aus Kraft und Weg.		

Winkelfunktionen

(18) Die Tabelle zeigt häufig verwendete Werte der Sinus- und Cosinusfunktion, sowie die zugehörigen Winkel in Grad und Radiant. Vervollständigen Sie die Tabelle.

IMPP-Hit

α/°	0		45	60			135	150	
α/rad	0	π/6		π/3	π/2			5π/6	
sin(α)	0	1/2			1			1/2	0
cos(α)	1		$1/2\sqrt{2}$	1/2		−1/2			−1

1.5 Grafische Darstellung

Linearisierung der Darstellung

(19) Sie messen die Intensität einer Schallquelle in verschiedenen Abständen. In einer Grafik wollen Sie die Werte für den Quotienten I/I_0 so darstellen, dass eine Gerade entsteht.
Wie gehen Sie vor? Nennen Sie zwei Möglichkeiten.

Logarithmische Darstellung

(20) Wann verwenden Sie bei der grafischen Darstellung von Messwerten eine logarithmische Achsenteilung? Nennen Sie Beispiele.

Papierarten

(21) Welches Papier eignet sich für die in der Tabelle genannten Darstellungen?

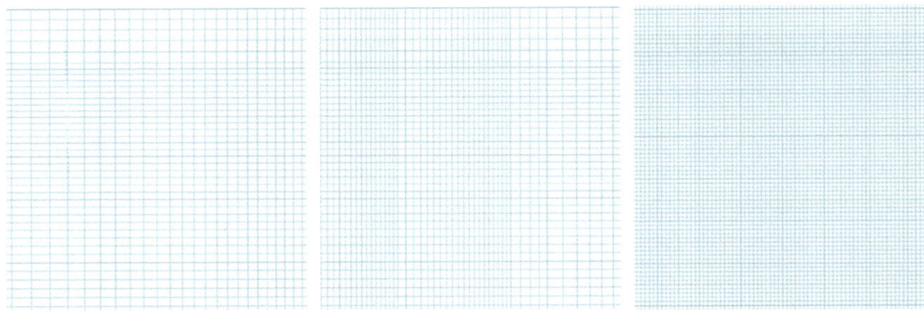

A B C

	A	B	C
Dehnung einer Feder			
Schwächung radioaktiver Strahlung			
Strömungswiderstand einer Kapillare abhängig vom Radius			
Kennlinie eines ohmschen Widerstands			
Strahlungsleistung abhängig von der Temperatur			
Entladung eines Kondensators			
Hörkurve			

KAPITEL 2 Mechanik

2.1 Wegweiser

Die Mechanik umfasst verschiedene Teilbereiche, die Bewegung eines Körpers, d. h. Translation und Rotation, aber auch Kräfte auf einzelne Teilchen eines Körpers, die zu dessen Verformung führen.
Als Lösungsstrategie für Aufgaben prüfen Sie:

- Lassen sich Bewegungsgleichungen anwenden?
- Besteht ein Gleichgewicht verschiedener Kräfte?
- Gelten Erhaltungssätze, d. h. Energieerhaltung oder Impulserhaltung?

2.2 Translationsbewegungen

Beschleunigte Bewegung

IMPP-Hit

(1) Ein Motorradfahrer fährt aus dem Stand mit einer Beschleunigung von $a = 4\,m/s^2$ an. Welche Strecke legt er in der 5. Sekunde zurück?

(A) 10 m
(B) 12 m
(C) 18 m
(D) 32 m
(E) 50 m

Gleichförmige Bewegung

IMPP-Hit

(2) Ein PKW fährt mit einer konstanten Geschwindigkeit von 50 km/h. Innerhalb von 5 s legt er etwa die folgende Strecke zurück:

(A) 30 m
(B) 70 m
(C) 80 m
(D) 95 m
(E) 110 m

Freier Fall

IMPP-Hit

(3) Ein Fallschirmspringer springt aus 2000 m Höhe. Der Schirm öffnet sich nicht. Wie lange dauert es ungefähr, bis er auf dem Boden aufschlägt? Wir vernachlässigen den Luftwiderstand.

(A) 15 s
(B) 20 s
(C) 30 s
(D) 45 s
(E) 60 s

IMPP-Hit

Weg-Zeit-Diagramme

(4) Ein Stein fällt von einem 100 m hohen Turm. Welches der gezeigten Weg-Zeit-Diagramme gibt die Bewegung richtig wieder?

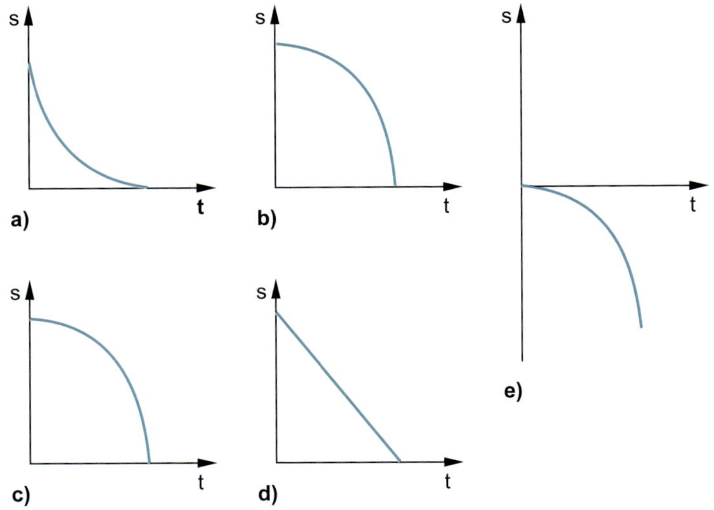

(A) Diagramm a
(B) Diagramm b
(C) Diagramm c
(D) Diagramm d
(E) Diagramme c und e

IMPP-Hit

Bewegung in Zeit und Raum

(5) Die Orte A-Dorf und B-Dorf sind 20 km voneinander entfernt. Um 9:00 Uhr startet ein Fahrradfahrer mit einer Geschwindigkeit von 10 km/h in Richtung B-Dorf. In B-Dorf fährt um 9:15 Uhr ein zweiter Radfahrer dem ersten mit einer Geschwindigkeit von 12 km/h entgegen. Um welche Uhrzeit treffen sich beide Fahrradfahrer?

IMPP-Hit

Beschleunigte Bewegung

(6) Ein Pkw fährt mit der konstanten Geschwindigkeit von 72 km/h. Dann beschleunigt er auf einer Strecke von 500 m auf die Geschwindigkeit von 108 km/h. Wie hoch war die Beschleunigung?

Translation

IMPP-Hit

(7) Ein PKW startet am Ort x_0 zum Zeitpunkt t_0 mit einer Beschleunigung von 2 m/s². Er beschleunigt für 10 s und fährt anschließend 15 s mit konstanter Geschwindigkeit weiter. Dann bremst er mit 4 m/s² bis zum Stillstand ab und wendet. Nun beschleunigt er mit 1,5 m/s² für 10 s und fährt dann 22 s mit konstanter Geschwindigkeit weiter.

a) Mit welcher Verzögerung und wie lange muss der Fahrer bremsen, damit er zum Zeitpunkt t_6 wieder am Ausgangspunkt x_0 zum Stehen kommt?

b) Vervollständigen Sie die Tabelle.

$t_0 =$	0 s	$x_0 =$	0 m	$v_0 =$	0 m/s
$t_1 =$		$x_1 =$		$v_1 =$	
$t_2 =$		$x_2 =$		$v_2 =$	
$t_3 =$		$x_3 =$		$v_3 =$	
$t_4 =$		$x_4 =$		$v_4 =$	
$t_5 =$		$x_5 =$		$v_5 =$	
$t_6 =$		$x_6 =$	0 m	$v_6 =$	0 m/s

c) Zeichnen Sie das Weg-Zeit- und das Geschwindigkeit-Zeit-Diagramm der Bewegung.

2.3 Kräfte

Gravitation

(8) Ein Satellit umkreist die Erde in einer Höhe von 2600 km. Die auf ihn wirkende Erdanziehungskraft ist gegenüber seiner Gewichtskraft auf der Erdoberfläche …

(A) unverändert
(B) um 10 % reduziert
(C) um 20 % reduziert
(D) um 50 % reduziert
(E) um 90 % reduziert

Masse und Gewicht

(9) Masse und Gewicht …

1. sind Synonyme für den gleichen Begriff.
2. Die Masse ist eine Eigenschaft eines Objektes.
3. Das Gewicht ist eine Eigenschaft eines Objektes.
4. Die Masse ist vom Ort abhängig.
5. Das Gewicht ist vom Ort abhängig.

Richtig sind …

(A) 1, 2, und 3
(B) 1 und 2
(C) 4 und 5
(D) 1, 2 und 5
(E) 2 und 5

Kräfte

(10) Drei Kräfte mit den Beträgen 100 N, 200 N und 300 N greifen an einem gemeinsamen Punkt an. Wie groß ist die resultierende Gesamtkraft?

(A) mindestens 100 N
(B) mindestens 200 N
(C) höchstens 600 N
(D) 0 N, alle Kräfte kompensieren sich.
(E) Es kann keine Aussage getroffen werden.

Kräfte

(11) Zwei Kräfte $F_1 = 1500$ N und $F_2 = 1000$ greifen an einem Punkt an. Der Winkel zwischen den Kräften beträgt 30 %.

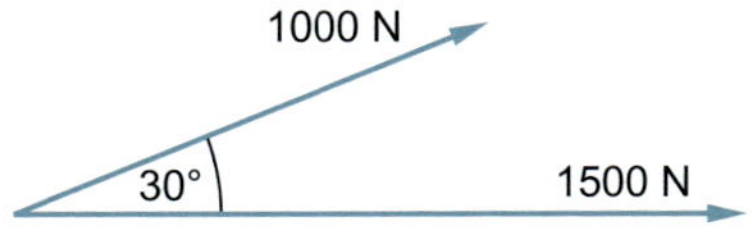

Ermitteln Sie die Größe und Lage der resultierenden Gesamtkraft.

Auftrieb – Richtig oder falsch?

(12) Die Auftriebskraft …

	Richtig	Falsch
… ist proportional dem Volumen des verdrängten Mediums.		
… ist gleich dem Volumen des verdrängten Mediums.		
… ist gleich der Gewichtskraft des verdrängten Mediums.		
… ist proportional der Dichte des verdrängten Mediums.		
… ist in Gasen nicht existent.		
… hängt von der Form des eingetauchten Körpers ab.		
… hängt in der Atmosphäre von der Höhe ab.		
… nimmt im Wasser mit steigender Wassertiefe linear zu.		
… nimmt im Wasser mit steigender Wassertiefe exponentiell zu.		
… ist bei einem an der Wasseroberfläche schwimmenden Körper größer als die Gewichtskraft des Körpers.		

Auftrieb – Rechenaufgabe

(13) Auf dem Grund eines gefüllten Wasserbeckens steht eine Waage. Darauf liegt ein Werkstück aus Aluminium ($\rho_{Al} = 2{,}7\,g/cm^3$). Die Waage zeigt 2 kg an. Welchen Wert zeigt die Waage an, wenn das Wasser abgelassen wird?

Schiefe Ebene

(14) Eine Masse von m = 100 kg rutscht eine um 30° geneigte Ebene herab. Die Haftreibungszahl beträgt $\mu_h = 0{,}8$, die Gleitreibungszahl $\mu_{gl} = 0{,}7$. Wie groß ist die Reibungskraft?

(A) F = 0,7 · 981 N · 0,500
(B) F = 0,7 · 981 N · 0,707
(C) F = 0,7 · 981 N · 0,866
(D) F = 0,8 · 981 N · 0,707
(E) F = 0,8 · 981 N · 0,866

Newtons Gedanken …

(15) Ohne Einfluss einer äußeren Kraft ändert ein Körper seinen ______________ ______________ nicht. Er setzt seine ______________ Bewegung fort, oder er verbleibt in ______________. Wirkt eine Kraft, erfährt der Körper eine ______________. Der Proportionalitätsfaktor zwischen ______________ und Beschleunigung ist die ______________ des Körpers. Zu jeder Kraft wirkt eine gleichgroße ______________ : actio = ______________.

2.4 Arbeit, Energie, Leistung

Arbeit

IMPP-Hit

(16) Sie halten eine Hantel mit dem Gewicht von 50 N eine Minute am waagerecht ausgestreckten Arm in 1,60 m Höhe. Welche Arbeit haben Sie dabei verrichtet?

(A) 0 J
(B) 50 J
(C) 80 J
(D) 300 J
(E) 480 J

Arbeit & Leistung

IMPP-Hit

(17) Ein Bergwanderer mit einem Körpergewicht von 800 N steigt innerhalb von 2 Stunden auf einen 2000 m hohen Berg. Für den Abstieg benötigt er nur 90 Minuten.
Insgesamt beträgt die von ihm erbrachte Arbeit und Leistung:

1. W = 0 J
2. W = 1,6 MJ
3. P = 0 W
4. P = 222 W
5. P = 127 W

Richtig sind

(A) 1 und 3
(B) 2 und 3
(C) 1 und 4
(D) 2 und 4
(E) 2 und 5

IMPP-Hit

Leistung

(18) Ein Fahrradfahrer leistet konstant 150 W. Dabei überwindet er einen Fahrwiderstand von F = 30 N. Wie schnell fährt er?

(A) 10 km/h
(B) 15 km/h
(C) 16,6 km/h
(D) 18 km/h
(E) 21 km/h

IMPP-Hit

Kinetische Energie

(19) Ein Pkw bremst aus einer Geschwindigkeit von 150 km/h auf 100 km/h ab. Dann bremst er bis zum Stillstand ab. In welchem Verhältnis stehen die bei den Bremsvorgängen in Wärme umgesetzten Energien?

(A) 2 : 1
(B) 1,5 : 1
(C) 1 : 1
(D) 1,25 : 1
(E) 1,5 : 1

IMPP-Hit

Isaac experimentiert

(20) Isaac N. steht auf einem Aussichtsturm und denkt über die Gravitation nach. Er beginnt nun zu experimentieren. Aus einer Höhe von h = 100 m lässt er eine Kugel K_1 nach unten fallen. Nach genau 1 Sekunde wirft er eine zweite Kugel K_2 mit der senkrecht nach unten gerichteten Anfangsgeschwindigkeit v_0 hinterher.

a) Wie groß muss die Anfangsgeschwindigkeit v_0 sein, damit beide Kugeln gleichzeitig am Boden ankommen?

b) Welches Verhältnis müssen die Massen m_1 und m_2 der Kugeln zueinander haben, damit beide mit der gleichen kinetischen Energie auf dem Boden aufschlagen?

IMPP-Hit

Leistung & Wirkungsgrad

(21) Eine kleine Turbine wird von einem Wasserstrahl angetrieben. Der Strahl hat einen Volumenstrom von 50 Liter/s und eine Strömungsgeschwindigkeit von 9 m/s.
Die Turbine liefert eine elektrische Leistung von 1,5 kW. Wie hoch ist der Wirkungsgrad der Stromerzeugung?

2.5 Impuls, Stoßvorgänge

Impulserhaltung

(22) Ein Tennisball trifft mit dem Impuls p_0 senkrecht auf eine Betonwand und prallt daran elastisch zurück.

(A) Der Impuls des Tennisballs halbiert sich.
(B) Nach dem Aufprall hat der Tennisball den Impuls p_0.
(C) Die Wand nimmt keinen Impuls auf.
(D) Die Wand nimmt den Impuls p_0 auf.
(E) Die Wand nimmt den Impuls $2 \cdot p_0$ auf.

Unelastischer Stoß

(23) Beim unelastischen Stoß …

1. bleibt der Gesamtimpuls erhalten.
2. geht Impuls verloren.
3. bleibt die Bewegungsenergie erhalten.
4. geht kinetische Energie verloren.
5. wird das Gesetz der Energieerhaltung verletzt.

Richtig sind …

(A) 1 und 3
(B) 2 und 3
(C) 1, 4 und 5
(D) 1 und 4
(E) 2 und 4

Impulserhaltung

(24) Ein Eisenbahnwagen der Masse m_1 fährt mit einer Geschwindigkeit v_1 auf einen Wagen der dreifachen Masse auf. Nach dem Einrasten der Kupplung bewegen sich beide weiter mit der Geschwindigkeit …

(A) $0{,}1\ v_1$
(B) $0{,}25\ v_1$
(C) $0{,}33\ v_1$
(D) $0{,}5\ v_1$
(E) $0{,}75\ v_1$

Kraftstoß

(25) Ein Hammer mit der Masse $m = 500\,g$ schlägt mit einer Geschwindigkeit von 8 m/s auf den Kopf eines Nagels. Die Kontaktzeit beträgt 10 ms. Mit welcher Kraft wird der Nagel in die Wand getrieben?

(A) $F = 40\ N$
(B) $F = 100\ N$
(C) $F = 200\ N$
(D) $F = 400\ N$
(E) $F = 4000\ N$

2.6 Rotationsbewegung

Rotation – Richtig oder falsch?

(26) Beurteilen Sie die folgenden Aussagen …

	Richtig	Falsch
Es gibt gleichförmige und beschleunigte Kreisbewegungen.		
Eine gleichförmige Kreisbewegung ist eine gleichförmige Bewegung.		
Die Richtung der Bahngeschwindigkeit ist tangential zur Kreisbahn.		
Die Winkelgeschwindigkeit ist ein Vektor parallel zur Bahngeschwindigkeit.		
Der Drehimpuls ist ein Vektor.		
Das Trägheitsmoment ist ein Vektor.		
Das Trägheitsmoment wird durch die Masse und durch die Materialeigenschaften eines Körpers definiert.		
Das Drehmoment ist ein Skalar.		
Das Drehmoment wird in Joule angegeben.		
Die Einheit des Drehimpulses ist $kg \cdot m \cdot s^{-1}$.		

Zentrifugalkraft

(27) In einer Laborzentrifuge möchten Sie Blutproben mit 1400 g zentrifugieren. Die Reagenzröhrchen sind im Rotor der Zentrifuge 12 cm von der Drehachse entfernt positioniert. Welche Drehzahl müssen Sie einstellen?

Lagerkräfte

(28) Ein Mann mit einem Gewicht von 800 N steht am Ende des Sprungbrettes eines 10 m Turms und traut sich nicht herunterzuspringen. Das Sprungbrett hat eine Länge von 2,4 m, die beiden Befestigungen A und B sind 80 cm voneinander entfernt.

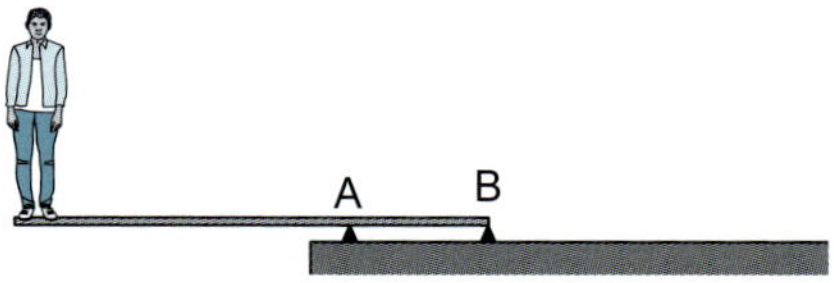

Welche Kraft wirkt auf die Befestigung B? Die Masse des Brettes wird vernachlässigt.

Parameter der Rotationsbewegung

(29) Sie sitzen auf einem Drehschemel und halten zwei Hanteln an den ausgestreckten Armen. Sie werden in Drehung versetzt. Nun ziehen Sie die Hanteln eng an Ihre Körpermitte heran.
Wie ändern sich die Größen, Masse, Trägheitsmoment, Drehimpuls und Rotationsenergie?

2.7 Druck

Hydrostatischer Druck

(30) Ein Taucher befindet sich in einer Wassertiefe von 40 m. Er steigt auf eine Tiefe von 30 m auf. Um wieviel Prozent hat sich der Umgebungsdruck reduziert?

(A) 15 %
(B) 20 %
(C) 25 %
(D) 30 %
(E) 35 %

Luftdruck

(31) Der Luftdruck in 1500 m Höhe beträgt etwa …

(A) 800 hPa
(B) 850 hPa
(C) 900 hPa
(D) 950 hPa
(E) Der Luftdruck kann nicht abgeschätzt werden da, der Druck exponentiell abfällt.

Hydraulik

(32) Mit einer hydraulischen Kraftübertragung soll die Kraft F_1 verdoppelt werden. Welches Verhältnis $D_1 : D_2$ müssen die Durchmesser der Kolben A_1 und A_2 zueinander haben?

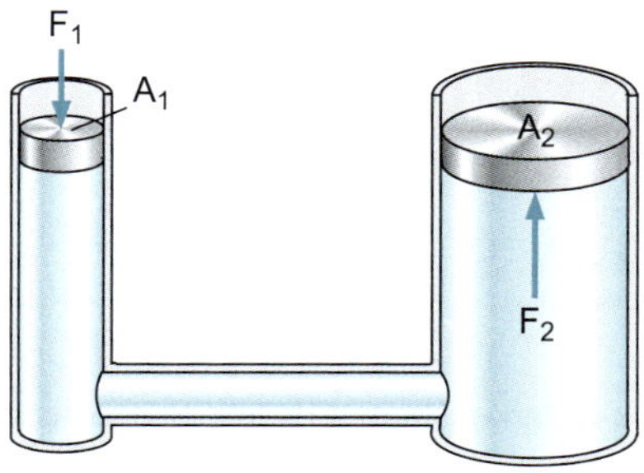

(A) $2:1$
(B) $\sqrt{2}:1$
(C) $1:1$
(D) $1:\sqrt{2}$
(E) $1:2$

Druck – Richtig oder falsch?

(33) Der Druck …

	Richtig	Falsch
… ist ein Vektor.		
… übt auf eine Oberfläche eine Tangentialkraft aus.		
… hat die Einheit J/m^3.		
… ist bei gleicher Wassertiefe in Salzwasser größer als in Süßwasser.		
… 1 mbar = 1,33 mmHg		
… 1 kPa = 1 mbar		
… ist am Boden eines schlanken zylindrischen Gefäßes kleiner als der Druck eines mit dem gleichen Volumen gefüllten kugelförmigen Gefäßes.		
… ist am Boden eines schlanken zylindrischen Gefäßes kleiner als der Druck eines auf gleiche Höhe gefüllten kugelförmigen Gefäßes.		

Kolbendruck

(34) Ein Arzt drückt mit einer Kraft von 10 N auf den Kolben einer Spritze mit dem Radius 0,5 cm. Er injiziert den Inhalt der Spritze mit einem Druck von etwa …

(A) $2{,}5 \cdot 10^3$ hPa
(B) $1{,}3 \cdot 10^3$ hPa
(C) $0{,}5 \cdot 10^4$ Pa
(D) $1{,}3 \cdot 10^4$ Pa
(E) $2{,}0 \cdot 10^4$ Pa

2.8 Verformung fester Körper

Federn

(35) Zwei Federn mit den Federkonstanten D_1 und D_2 werden „hintereinander geschaltet", indem das Ende einer Feder mit dem Anfang der nächsten verbunden werden. Wie groß ist die Federkonstante D der so entstandenen neuen Feder?

(A) $D = D_1 + D_2$
(B) $D = D_1 \cdot D_2$
(C) $D = \dfrac{D_1 + D_2}{2}$
(D) $D = \dfrac{D_1 - D_2}{2}$
(E) $D = \dfrac{D_1 + D_2}{D_1 \cdot D_2}$

Federkennlinie

(36) Die Abbildung zeigt die Kennlinie einer Feder.

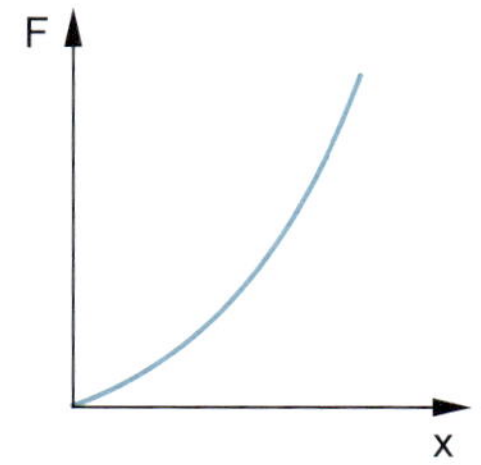

(A) Es handelt sich um eine plastische Verformung.
(B) Die Feder ist progressiv.
(C) Die Kennline verläuft degressiv.
(D) Es gilt das Hooke'sche Gesetz.
(E) Die Feder speichert die Energie $W = \frac{1}{2} D x^2$.

Hooke'sches Gesetz

(37) Das Hooke'sche Gesetz beschreibt …
(A) plastische Verformungen
(B) elastische Verformungen
(C) viskoelastische Verformungen
(D) lineare elastische Verformungen
(E) reversible Verformungen

Spannung & Dehnung

(38) Die distale Bizepssehne habe einen Querschnitt von 40 mm^2. Eine Person hält in der abgebildeten Position eine Masse von m = 10 kg.

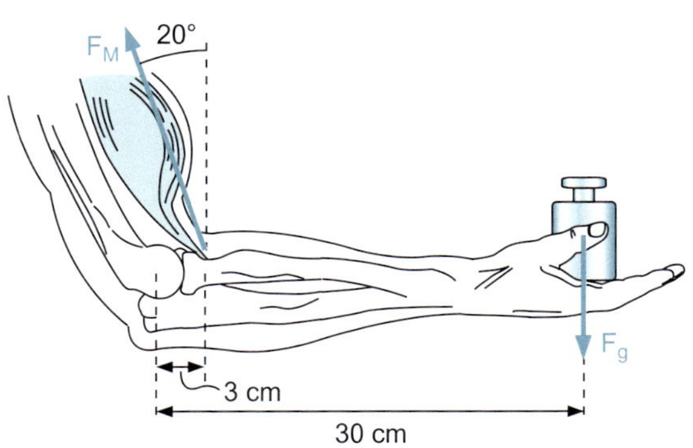

a) Wie groß ist die Spannung der Bizepssehne?
b) Wie groß ist das Elastizitätsmodul der Sehne, wenn sie sich unter der genannten Belastung um 5 % dehnt?

2.9 Kräfte an Grenzflächen

Oberflächenspannung

(39) Die Oberflächenspannung einer Flüssigkeit …
1. ist temperaturunabhängig.
2. hängt von der Dichte der Flüssigkeit ab.
3. ist proportional zur Viskosität.
4. wird in N/m angegeben.
5. kann durch oberflächenaktive Substanzen beeinflusst werden.

Richtig sind …
(A) 1, 4 und 5
(B) 4 und 5
(C) 2 und 4
(D) nur 3
(E) 3 und 4

Luftblasen

(40) Eine Luftblase mit einem Durchmesser von 0,5 mm befindet sich 1 m unterhalb der Wasseroberfläche. Die Oberflächenspannung des Wassers beträgt $\sigma = 0{,}075$ N/m.
Um welchen Prozentsatz ist der Druck innerhalb der Luftblase gegenüber dem Umgebungsdruck erhöht?

Kapillarkräfte

(41) In einer Kapillare ist der Meniskus der Flüssigkeit nach unten gewölbt …
1. bei Kapillardepression.
2. bei einer benetzenden Flüssigkeit.
3. bei einer nicht benetzenden Flüssigkeit.
4. wenn die Adhäsionskräfte größer sind als die Kohäsionskräfte.
5. wenn keine Kohäsion auftritt.

Richtig sind …
(A) nur 1
(B) 1 und 2
(C) 1 und 3
(D) 2 und 4
(E) 1, 2 und 5

2.10 Strömung von Flüssigkeiten und Gasen

Volumenstrom

(42) Durch eine Kanüle mit einem Innenquerschnitt von 0,4 mm^2 soll ein Volumen von 10 ml innerhalb von 5 s injiziert werden. Die Strömungsgeschwindigkeit in der Kanüle beträgt …

(A) 2 m/s
(B) 2 ml/s
(C) $5 \cdot 10^5$ mm/s
(D) $5 \cdot 10^2$ cm/s
(E) $5 \cdot 10^{-1}$ m/s

Strömung – Richtig oder falsch?

(43) Eine laminare Strömung …

	Richtig	Falsch
… hat überall die gleiche Teilchengeschwindigkeit.		
… tritt oberhalb einer kritischen Reynoldszahl auf.		
… hat eine höhere Geschwindigkeit als eine turbulente Strömung.		
… hat unterschiedliche Teilchengeschwindigkeiten.		
… kommt nur in Newton'schen Flüssigkeiten vor.		
… kann durch Angabe einer mittleren Strömungsgeschwindigkeit beschrieben werden.		
… hat keine Wirbel.		
… hat einen vernachlässigbaren Strömungswiderstand.		

Volumenstrom

(44) Durch ein gerades Rohr mit kreisförmigem Querschnitt strömt eine Flüssigkeit mit dem Volumenstrom I_0.
Es werden nun folgende Modifikationen durchgeführt:

- der Durchmesser des Rohrs wird um 41,4 % erhöht,
- die Länge des Rohrs wird um den Faktor 2,5 vergrößert,
- es wird eine Flüssigkeit mit 20 % geringerer Viskosität verwendet,
- die Druckdifferenz zwischen den Enden des Rohrs wird um 30 % gesenkt.

Wie wirken sich diese Änderungen auf den Volumenstrom aus? Geben Sie den Volumenstrom I_1 nach den Modifikationen an.

Kontinuitätsbedingung

IMPP-Hit

(45) Durch ein Rohr mit dem Querschnitt $A_1 = 16\ cm^2$ strömt eine inkompressible Flüssigkeit mit der Geschwindigkeit $v_1 = 2{,}5$ cm/s. An einer Engstelle vermindert sich der Rohrdurchmesser auf $d_2 = 4$ cm. Die Strömungsgeschwindigkeit an dieser Stelle ist …

(A) $4/\pi$ cm/s
(B) $1{,}6\ \pi$ cm/s
(C) $10/\pi$ cm/s
(D) $4\ \pi$ cm/s
(E) $10\ \pi$ cm/s

Gesetz von Bernoulli

(46) Durch ein Rohr mit dem Querschnitt A_1 strömt eine inkompressible Flüssigkeit. Reibungseffekte werden vernachlässigt. Der dynamische Druck beträgt $1 \cdot 10^5$ Pa, der Gesamtdruck beträgt $6 \cdot 10^5$ Pa.

An einer Engstelle reduziert sich der Rohrquerschnitt auf $A_2 = 0{,}5\ A_1$.

In welchem Verhältnis $P_{dyn} : P_{stat}$ stehen dynamischer Druck (Staudruck) und statischer Druck an der Stelle A_2?

(A) 1:6
(B) 1:5
(C) 1:1
(D) 2:1
(E) 4:1

Dynamischer Druck

47) Durch einen Gartenschlauch mit einem Querschnitt von $A = 10\ cm^2$ fließen 30 l/min Wasser.

Der dynamische Druck (Staudruck) des Wassers beträgt …

(A) 1,25 hPa
(B) 2,50 hPa
(C) 1,25 kPa
(D) 2,50 kPa
(E) 5,00 kPa

KAPITEL 3 Struktur der Materie

3.1 Wegweiser

Wichtig sind hier Kenntnisse des Atomaufbaus, die Aggregatzustände als Erscheinungsformen der Materie und die Übergänge zwischen ihnen.

3.2 Aufbau der Atome und Atomkerne

Elementarteilchen

IMPP-Hit

(1) Der Atomkern besteht aus …

1. Nukleonen
2. Protonen
3. Neutronen
4. Elektronen
5. Positronen

Richtig sind …

(A) alle Antworten
(B) 1, 2, 3 und 4
(C) 2 und 3
(D) 1, 2 und 3
(E) 2, 3, 4, und 5

Kernladung

IMPP-Hit

(2) Ein He^{+}-Ion trägt die Kernladung …

(A) $+4{,}8 \cdot 10^{-19}$ C
(B) $+3{,}2 \cdot 10^{-19}$ C
(C) $+1{,}6 \cdot 10^{-19}$ C
(D) $-1{,}6 \cdot 10^{-19}$ C
(E) $-3{,}2 \cdot 10^{-19}$ C

IMPP-Hit

Atome – Richtig oder falsch?

(3) Atome …

	Richtig	Falsch
… sind elektrisch neutral.		
… haben eine positive Kernladung.		
… haben eine negative Kernladung.		
… sind die kleinsten Teilchen eines reinen Stoffes.		
… sind unteilbar.		
… haben einen Durchmesser von etwa 10 pm.		

IMPP-Hit

Atommasse

(4) Eine atomare Masseneinheit u (unit) ist …

1. die Masse des ${}^{1}H$-Kerns
2. ${}^{1}/_{12}$ der Masse von ${}^{12}C$
3. $1{,}66 \cdot 10^{-24}$ kg
4. $1{,}66 \cdot 10^{-27}$ g
5. $1{,}66 \cdot 10^{-27}$ kg

Richtig sind …

(A) 1, 2 und 3
(B) 2 und 3
(C) 2 und 4
(D) 1 und 3
(E) 2 und 5

IMPP-Hit

Teilchenzahl

(5) Wie viele Atome enthalten 50 mg reiner Kohlenstoff?

(A) $6{,}0 \cdot 10^{23}$
(B) $2{,}5 \cdot 10^{22}$
(C) $1{,}0 \cdot 10^{22}$
(D) $2{,}5 \cdot 10^{21}$
(E) $1{,}5 \cdot 10^{21}$

IMPP-Hit

Isotope

(6) Bei der Radiocarbonmethode zur Altersbestimmung archäologischer Funde wird ein Isotop des Kohlenstoffs benutzt. Die Schreibweise für dieses Isotop ist …

(A) ${}^{6}_{8}C$
(B) ${}^{8}_{6}C$
(C) ${}^{6}_{14}C$
(D) ${}^{14}_{8}C$
(E) ${}^{14}_{6}C$

Nuklide

IMPP-Hit

(7) Bei der Angabe eines Nuklids gelten folgende Äquivalenzen …
1. Nukleonenzahl = Ordnungszahl
2. Protonenzahl = Elementsymbol
3. Neutronenzahl = Kernladungszahl
4. Massenzahl = Nukleonenzahl
5. Elementsymbol = Kernladungszahl

Richtig sind …
(A) 1, 2 und 3
(B) 1, 2 und 5
(C) 2, 3 und 5
(D) 1, 4 und 3
(E) 2, 4 und 5

Isotope – Richtig oder falsch?

IMPP-Hit

(8) Isotope eines Elementes haben die gleiche(n) …

	Richtig	Falsch
… Masse		
… Nukleonenzahl		
… Elektronenzahl		
… Ordnungszahl		
… Elektronegativität		
… Elektronenkonfiguration		
… Protonenzahl		
… Neutronenzahl		
… Halbwertszeit		
… physikalischen Eigenschaften		
… chemischen Eigenschaften		

Wasserstoffisotope

IMPP-Hit

(9) Natürliche Isotope des Wasserstoffs sind …
1. ^{0}H – Neutium
2. ^{1}H – Protium
3. ^{2}H – Deuterium
4. ^{3}H – Tritium
5. ^{4}H – Quadium

Richtig sind …
(A) alle Isotope kommen vor
(B) 1, 2 und 3
(C) 2, 3 und 4
(D) 1, 2, 3 und 4
(E) 2, 3, 4 und 5

IMPP-Hit

Richtig oder falsch?

(10) ^{3}H und ^{3}He …

	Richtig	Falsch
… sind Nuklide.		
… sind Isotope.		
… haben die gleiche Ladung.		
… haben die gleiche Nukleonenzahl.		
… haben die gleiche Elektronenzahl.		
… haben etwa die gleiche Masse.		

Elektronenhülle – Richtig oder falsch?

(11) Beurteilen Sie die folgenden Aussagen über die Elektronenhülle des Atoms:

	Richtig	Falsch
In der Hülle befinden sich genauso viele Elektronen wie Nukleonen im Kern.		
Nach dem Bohr'schen Atommmodell sind nur bestimmte (diskrete) Bahnen erlaubt.		
Das Periodensystem der Elemente teilt die Elektronenhülle in sogenannte „Schalen" ein.		
Der Durchmesser der Elektronenhülle beträgt etwa das 1000-Fache des Kerndurchmessers.		
Ein Orbital ist ein Raumbereich, in dem sich das Elektron mit hoher Wahrscheinlichkeit aufhält.		
Alle Elektronen auf einer Schale haben die gleiche Energie.		
Wird ein Elektron aus der Hülle entfernt, entsteht ein Ion.		
Die dem Kern am nächsten befindlichen Elektronen werden als Valenzelektronen bezeichnet.		
Nur die Valenzelektronen sind an der chemischen Bindung beteiligt.		
Bei der chemischen Bindung werden immer Elektronen aufgenommen oder abgegeben.		
Die sogenannte Edelgaskonfiguration ist energetisch besonders günstig.		
Ein Atom mit 8 Elektronen besitzt die Edelgaskonfiguration.		
Für die Edelgaskonfiguration sind immer 8 Elektronen auf der äußeren Schale notwendig.		
Alle Isotope eines Elementes haben die gleiche Elektronenzahl.		

3.3 Aggregatzustände der Materie

Erscheinungsformen der Materie

(12) Materie erscheint in den Aggregatzuständen …
1. fest
2. flüssig
3. dampfförmig
4. gasförmig
5. amorph

Richtig sind …
(A) alle Antworten
(B) 1, 2, 3 und 4
(C) 1, 2, 4 und 5
(D) 1, 2 und 4
(E) 1, 2 und 3

Richtig oder falsch?

(13) Beurteilen Sie die folgenden Aussagen:

	Richtig	Falsch
Die Begriffe Aggregatzustand und Phase sind Synonyme.		
Zwei unterschiedliche Aggregatzustände bilden zwei Phasen.		
Zwei Phasen nehmen stets verschiedene Aggregatzustände ein.		
Eine Änderung des Aggregatszustands wird als Phasenumwandlung bezeichnet.		
An jeder Phasengrenze ändert sich der Aggregatzustand.		

Teilchenabstände

(14) Die Abstände der Atome bzw. Moleküle …
1. unterscheiden sich in den verschiedenen Aggregatzuständen nur unwesentlich.
2. sind im Festkörper in der Regel am kleinsten.
3. sind in Gasen etwa 8-mal so groß wie im Festkörper.
4. sind im Festkörper und in Flüssigkeiten vergleichbar.
5. sind in Flüssigkeiten und Gasen wesentlich größer als im Festkörper.

Richtig sind …
(A) nur 1
(B) nur 2
(C) 2, 3 und 4
(D) 2, 3, 4 und 5
(E) 2, 4 und 5

Aggregatzustände

(15) Materie erscheint in den Aggregatzuständen ______, ______ oder ______. Welcher dieser Aggregatzustände vorliegt, hängt von den Umgebungsbedingungen ______ und Temperatur ab.

Festkörper wie Metalle bilden ein geordnetes ______. Ist die Struktur in alle Raumrichtungen gleich, nennt man den Stoff ______. Ist nur eine sich über wenige ______ erstreckende Nahordnung vorhanden, nennt man den Stoff ______. Dies trifft z. B. auf ______ zu.

Die Teilchenabstände in einer ______ unterscheiden sich nur wenig von denen im Festkörper. Die intermolekularen Bindungen wurden ______ und die Moleküle sind jetzt gegeneinander ______.

Im ______ Zustand sind die Teilchen weit voneinander entfernt. Ihre ______ liegen mehrere Größenordnungen über den Moleküldurchmessern. Bei ______ Gasen können die Wechselwirkungen zwischen den Teilchen ______ werden.

KAPITEL 4 Wärmelehre

4.1 Wegweiser

Die Wärmelehre beschreibt temperaturabhängige Vorgänge.

- Die thermodynamische Temperatur wird in Kelvin angegeben. Grundsätzlich muss mit der thermodynamischen Temperatur gerechnet werden.
- Temperaturdifferenzen haben auf der Kelvin- und der Celsius-Skala den gleichen Zahlenwert. In diesen Fällen können Sie auf eine vorherige Umrechnung verzichten.
- Wenn Sie unsicher sind, welche Temperaturwerte Sie in eine Formel einsetzen müssen, verwenden Sie immer die Temperaturangabe in Kelvin.

4.2 Temperatur

Celsius-Skala

IMPP-Hit

(1) Fixpunkte der Celsius-Skala sind …
(A) der Siedepunkt und der Tripelpunkt des Wassers.
(B) der Gefrierpunkt und der Schmelzpunkt des Wassers bei 1013 mBar.
(C) der Gefrier- und Siedepunkt von Wasser auf NN (Meereshöhe).
(D) der Tripelpunkt und der kritische Punkt des Wassers.
(E) der Gefrier- und Siedepunkt von Wasser bei 1013 hPa.

Kelvin-Skala

IMPP-Hit

(2) Fixpunkte der Kelvin-Skala sind …
(A) der absolute Nullpunkt und der Gefrierpunkt des Wassers.
(B) der absolute Nullpunkt und der Siedepunkt des Wassers bei 1013 hPa.
(C) nur der absolute Nullpunkt.
(D) der absolute Nullpunkt und der Tripelpunkt des Wassers.
(E) der absolute Nullpunkt und der Tripelpunkt des Wassers bei 1013 hPa.

Temperaturänderung

(3) Ein Körper hat eine Temperatur von 60 °C. Seine Temperatur ändert sich – bezogen auf die Angabe in °C – um 10 %. Um etwa welchen Prozentsatz ändert sich die Temperatur des Körpers bezüglich der Angabe in Kelvin?
(A) 10 %
(B) 5 %
(C) 3 %
(D) 2 %
(E) 1 %

Amerikanische Verhältnisse

(4) Ihr amerikanischer Patient Michael Hypochondriac kommt aufgeregt in Ihre Praxis. Er erklärt, dass er schwer krank und dringend behandlungsbedürftig sei. In einer Selbstanamnese hat er festgestellt, dass seine Körpertemperatur 98 °F beträgt und sein systolischer Blutdruck bei 2,98 PSI liegt.

Wie beurteilen Sie seinen Gesundheitszustand?

(PSI = pound per square inch; american pound: 1 lb = 453,5 g; 1 inch [Zoll] = 2,54 cm)

Temperaturabhängige Größen

(5) Temperaturabhängig sind …

1. das Volumen eines festen Körpers.
2. der Siedepunkt einer Flüssigkeit.
3. die Teilchenzahl in 22,4 l eines Gases.
4. der spezifische Widerstand.
5. die Ionisierungsenergie von Wasserstoff.

Richtig sind …

(A) nur 1
(B) 1 und 2
(C) 1, 3 und 4
(D) 1, 3, 4 und 5
(E) alle Antworten

Längenausdehnung

(6) Der Längenausdehnungskoeffizient von Eisen beträgt $\alpha = 1{,}2 \cdot 10^{-5} K^{-1}$. Um welche Temperatur müssen Sie eine Eisenstange erhitzen, damit sich ihre Länge um 0,6 % ändert?

(A) 100 °C
(B) 250 °C
(C) 500 °C
(D) 523 K
(E) 773 K

Quecksilberthermometer

(7) Ein Quecksilberthermometer enthält 0,5 cm^3 Quecksilber. Der Querschnitt der Kapillare beträgt 0,45 mm^2. Der Volumenausdehnungskoeffizient von Quecksilber ist $\gamma = 1{,}8 \cdot 10^{-4} K^{-1}$. Bei einer Temperaturerhöhung um 10 °C steigt der Meniskus in der Kapillare um …

(A) 1 mm
(B) 2 mm
(C) 5 mm
(D) 7 mm
(E) 10 mm

4.3 Wärme, Wärmekapazität

Wärmekapazität

IMPP-Hit

8) 4,2 $J \cdot g^{-1} \cdot K^{-1}$ beträgt die …
1. spezifische Wärmekapazität von H_20 bei 253 K.
2. molare Wärmekapazität von H_20 bei 253 K.
3. spezifische Wärmekapazität von H_20 bei 283 K.
4. molare Wärmekapazität von H_20 bei 283 K.
5. spezifische Wärmekapazität von H_20 bei 383 K.

Richtig sind …
(A) nur 1
(B) 1 und 3
(C) 2 und 4
(D) nur 3
(E) alle Antworten

Brennwert

IMPP-Hit

(9) Ein Müsliriegel hat 100 Kalorien. Sein physiologischer Brennwert beträgt …
(A) 100 J
(B) 420 J
(C) 10 kJ
(D) 42 kJ
(E) 0,42 MJ

Adiabatenexponent

IMPP-Hit

(10) Für die spezifische Wärmekapazität bei konstantem Volumen c_v und bei konstantem Druck c_p gilt die Beziehung …
(A) $c_v = c_p$
(B) $c_p < c_v$
(C) $c_p > c_v$
(D) $c_p = 1{,}4\, c_v$
(E) $c_v = 1{,}4\, c_p$

Fitnesstraining

IMPP-Hit

(11) Alois Adipositas möchte gerne abnehmen. Momentan beträgt seine Körpermasse 120 kg. Zum Training macht er eine Bergtour auf eine 2000 m höher gelegene Hütte. Dort gönnt er sich eine Maß Weißbier (46 kcal/100 ml) und isst 2 Weißwürste (ges. 380 kcal). Wieviel Körperfett (Brennwert 38,9 kJ/g) kann er abbauen?
(Es soll hier nur die mechanische Arbeit berücksichtigt werden, nicht der Stoffwechselumsatz des Körpers.)

IMPP-Hit

Coole Drinks

(12) Ein zylinderförmiges Trinkglas mit einem Innendurchmesser von 7 cm und der Innenhöhe von 15 cm enthält 0,5 Liter eines Getränkes mit der Temperatur 25 °C. Das Glas wird nun mit Eiswürfeln der Temperatur –18 °C soweit aufgefüllt, dass es auch bei vollständigem Eintauchen der Eiswürfel gerade noch nicht überläuft.
Die spezifische Wärme von Wasser ist $c_{Wasser} = 4{,}18\ kJ \cdot kg^{-1} K^{-1}$,
die des Eises $c_{Eis}=2{,}22\ kJ \cdot kg^{-1} K^{-1}$.
Das Eis hat die Dichte $\rho_{Eis} = 0{,}92\ g \cdot cm^{-3}$. Seine Schmelzwärme beträgt $q_s=333{,}5\ kJ \cdot kg^{-1}$.
Der Wärmeaustausch mit dem Glas oder mit der Umgebung wird vernachlässigt.
Auf welche Temperatur wird das Getränk abgekühlt?

Thermodynamische Systeme

(13) Für eine Feier werden Luftballons mit Helium gefüllt. Die Ballons bilden …
(A) offene
(B) inerte
(C) geschlossene
(D) teilabgeschlossene
(E) abgeschlossene
… thermodynamische Systeme.

Adiabatische Prozesse

(14) Bei einem adiabatischen Prozess …
(A) findet kein Energieaustausch mit der Umgebung statt.
(B) bleibt die innere Energie des thermodynamischen Systems konstant.
(C) wird keine Arbeit geleistet.
(D) wird keine Wärme abgegeben.
(E) kann Wärme aufgenommen werden.

Erster Hauptsatz der Wärmelehre

(15) Der erste Hauptsatz der Wärmelehre …
1. formuliert die Äquivalenz von Masse und Energie.
2. formuliert die Äquivalenz von Wärme und mechanischer Arbeit.
3. formuliert die Erhaltung der inneren Energie.
4. erlaubt einen thermodynamischen Prozess, der mechanische Arbeit abgibt, ohne Energie zu verbrauchen.
5. erlaubt einen thermodynamischen Prozess, der mechanische Arbeit abgibt und dabei seine Umgebung abkühlt.

Richtig sind …
(A) nur 1
(B) nur 2
(C) 2 und 3
(D) 2 und 5
(E) 2, 3 und 5

Zweiter Hauptsatz der Wärmelehre

(16) Die Entropie …
1. nimmt bei reversiblen Vorgängen zu.
2. gibt die innere Energie eines thermodynamischen Systems an.
3. nimmt bei irreversiblen Vorgängen immer ab.
4. nimmt bei irreversiblen Vorgängen immer zu.
5. bleibt bei reversiblen Vorgängen konstant.

Richtig sind …
(A) 1 und 2
(B) 1, 2 und 4
(C) 2 und 4
(D) 1 und 3
(E) 4 und 5

4.4 Gaszustand

Statistische Thermodynamik

(17) Die Maxwell-Boltzmann-Verteilung …
(A) ist aus der Normalverteilung abgeleitet und ergibt eine symmetrische Häufigkeitsverteilung um den Wert der mittleren Molekülgeschwindigkeit.
(B) gibt die maximale Molekülgeschwindigkeit abhängig von der thermodynamischen Temperatur an.
(C) wird mit fallender Temperatur flacher.
(D) erreicht ihr Maximum am kritischen Punkt eines Gases.
(E) ergibt eine asymmetrische Kurve.

Kinetische Energie

(18) Die Boltzmann-Konstante beträgt $k = 1{,}38 \cdot 10^{-23}\ J \cdot K^{-1}$. Die Sauerstoffmoleküle in der Luft haben bei einer Temperatur von $T = 27\,°C$ eine mittlere kinetische Energie von …
(A) $37 \cdot 1{,}38 \cdot 10^{-23}\ J$
(B) $150 \cdot 1{,}38 \cdot 10^{-23}\ J$
(C) $300 \cdot 1{,}38 \cdot 10^{-23}\ J$
(D) $450 \cdot 1{,}38 \cdot 10^{-23}\ J$
(E) $750 \cdot 1{,}38 \cdot 10^{-23}\ J$

Naturkonstanten

(19) Zwischen der Boltzmann-Konstante k, der Avogadro-Zahl N_A und der universellen Gaskonstante R besteht die Beziehung …
(A) $k = R \cdot N_A$
(B) $R = k \cdot N_A$
(C) $N_A = k \cdot R$
(D) $k = R^2 \cdot N_A$
(E) $R = k^2 \cdot N_A$

IMPP-Hit

Gasgesetz

(20) Die Stoffmenge eines idealen Gases, angegeben in Mol, ist …

(A) $n = \frac{R \cdot T}{P \cdot V}$

(B) $n = \frac{V \cdot P}{T \cdot R}$

(C) $n = \frac{R \cdot P}{V \cdot T}$

(D) $n = \frac{T \cdot P}{V \cdot R}$

(E) $n = \frac{R \cdot V}{P \cdot T}$

Physikalische Effekte

(21) Wenn ein Gas schnell aus einem Druckbehälter abgelassen wird, kühlt es sich bei dieser adiabatischen Expansion ab, weil Arbeit gegen die zwischenmolekularen Anziehungskräfte geleistet wird. Dieses Phänomen wird bezeichnet als …

(A) Bernoulli-Effekt.
(B) Venturi-Effekt.
(C) Joule-Thompson-Effekt.
(D) Lorrain-Smith-Effekt.
(E) Paul-Bert-Effekt.

IMPP-Hit

Ideale Gase

(22) Als ideale Gase werden bezeichnet:

(A) Gase unterhalb ihrer kritischen Temperatur
(B) Gase unterhalb ihrer Inversionstemperatur
(C) Alle einatomigen Gase
(D) Gase, bei denen intermolekulare Kräfte und Molekülvolumen vernachlässigt werden
(E) Gase bei Drücken kleiner 20 MPa

IMPP-Hit

Zustandsdiagramme

(23) Druck P, Volumen V und Temperatur T sind die Zustandgrößen eines thermodynamischen Systems. Jeweils zwei dieser Größen lassen sich bei konstanter Dritter als zweidimensionale Zustandsdiagramme darstellen.

Skizieren Sie die

a) Isothermen
b) Isobaren
c) Isochoren

eines idealen Gases.

Reale Gase

(24) Ein reales Gas wird durch die Van-der-Waals-Gleichung beschrieben. Als stoffspezifische Parameter des Gases benötigen Sie ...

1. die Zahl der molekularen Freiheitsgerade
2. den Adiabatenexponenten
3. den Binnendruck
4. den thermischen Ausdehnungskoeffizienten
5. das Kovolumen

Notwendig sind ...

(A) alle Angaben
(B) 1 und 2
(C) 2 und 4
(D) 2, 3 und 4
(E) 3 und 5

Druck und Temperatur

(25) Sie haben zu Dienstbeginn den Druck im Sauerstoffbehälter Ihres Notfallkoffers bei einer Umgebungstemperatur von 27 C° kontrolliert. Er betrug 150 bar. Die sommerliche Temperatur in Ihrem Notarzteinsatzfahrzeug steigt auf 57 °C.
Welchen Wert für den Druck erwarten Sie?

(A) 150 bar
(B) 160 bar
(C) 165 bar
(D) 175 bar
(E) 180 bar

Aus der Praxis

(26) Einer Ihrer Patienten leidet an fortgeschrittener COPD. Auch zu Hause ist mehrere Stunden täglich die Gabe von Sauerstoff notwendig.
Der Patient bekommt medizinischen Sauerstoff in Druckgasflaschen mit einem Volumen von 7 l geliefert. Bei einem Hausbesuch stellen Sie fest, dass der Druckmesser defekt ist. Sie erinnern sich nun an Ihre Physikvorlesung ...
Aus Datenblättern können Sie ablesen, dass die Leermasse des Druckbehälters inkl. Ventil und Druckminderer 8,5 kg beträgt. Durch Wiegen der Gasflasche stellen Sie eine Masse von 9,85 kg fest. Die Umgebungstemperatur beträgt 25 °C.
Wie hoch ist der Druck in der Sauerstoffflasche?
Wie lange reicht der Gasvorrat, wenn Ihr Patient 5 Stunden täglich seine Atemluft mit einer Flussrate von 2,5 l/min mit Sauerstoff anreichert?

IMPP-Hit

Partialdruck

(27) EAN32 (Enriched Air Nitrox) ist ein Atemgasgemisch, das gern zum Tauchen verwendet wird. Es besteht aus Stickstoff und einem Sauerstoffanteil von 32 %.
Wie hoch sind die Sauerstoff- und Stickstoffpartialdrücke bei einem Gesamtdruck von 4,0 bar?

(A) $p_{O_2} = 0{,}32\ bar \quad p_{N_2} = 0{,}68\ bar$
(B) $p_{O_2} = 0{,}68\ bar \quad p_{N_2} = 0{,}32\ bar$
(C) $p_{O_2} = 0{,}50\ bar \quad p_{N_2} = 0{,}05\ bar$
(D) $p_{O_2} = 1{,}28\ bar \quad p_{N_2} = 2{,}72\ bar$
(E) $p_{O_2} = 2{,}00\ bar \quad p_{N_2} = 2{,}00\ bar$

Partialdruck

(28) Eine Luftblase enthält atmosphärische Luft. Die Luftblase wird auf ⅓ ihres Ausgangsvolumens komprimiert. Der Sauerstoffpartialdruck in der Luftblase …

(A) bleibt unverändert.
(B) steigt um 0,42 bar.
(C) erhöht sich um den Faktor 3.
(D) fällt auf ⅓ des Ausgangswertes.
(E) beträgt 0,63 bar.

Normbedingungen

(29) Weisen Sie Werte aus der ersten Tabelle den in der zweiten Tabelle aufgeführten Normbedingungen zu.

Temperatur	Luftdruck	p_{H2O}
0 °C	0 mbar	0 mbar
20 °C	760 mbar	~ 23,4 mbar
25 °C	1000 mbar	~ 62,8 mbar
37 °C	1013 mbar	~ 101,3 mbar
aktuelle Temperatur	aktueller Luftdruck	aktueller Wasserdampfdruck

Normbedingung	STPD	BTPS	ATPS
Temperatur			
Luftdruck			
p_{H2O}			

4.5 Änderung des Aggregatzustands

Zustandsänderungen

(30) Benennen Sie die folgenden Zustandsänderungen:

1.	fest	→	flüssig	
2.	flüssig	→	gasförmig	
3.	fest	→	gasförmig	
4.	flüssig	→	fest	
5.	gasförmig	→	flüssig	
6.	gasförmig	→	fest	

Phasendiagramm des Wassers

(31) Skizzieren Sie das Phasendiagramm des Wassers. Welchen Phasenübergang erwarten Sie bei einem Druck von 300 Pa?

Luftfeuchtigkeit

IMPP-Hit

(32) Die Temperatur eines eingeschlossenen Luftvolumens mit einer gegebenen Luftfeuchtigkeit wird bei konstantem Druck erwärmt. Wie ändern sich die absolute und die relative Luftfeuchtigkeit?

(A) Die absolute Luftfeuchtigkeit steigt, die relative Luftfeuchtigkeit steigt.
(B) Die absolute Luftfeuchtigkeit bleibt konstant, die relative Luftfeuchtigkeit steigt.
(C) Die absolute Luftfeuchtigkeit bleibt konstant, die relative Luftfeuchtigkeit sinkt.
(D) Die absolute Luftfeuchtigkeit sinkt, die relative Luftfeuchtigkeit bleibt konstant.
(E) Die absolute Luftfeuchtigkeit sinkt, die relative Luftfeuchtigkeit sinkt.

Luftfeuchtigkeit – Richtig oder falsch?

IMPP-Hit

(33) Die absolute Luftfeuchtigkeit …

	Richtig	Falsch
Die absolute Luftfeuchtigkeit …		
… ist das Produkt aus relativer maximaler Luftfeuchtigkeit.		
… kann in mol/l angegeben werden.		
… kann in kg/dl angegeben werden.		
… ist stark temperaturabhängig.		
Die relative Luftfeuchtigkeit …		
… wird in g/m^3 angegeben.		
… kann größer als 1 werden.		
… von 1 bedeutet vollkommen trockene Luft.		
… nimmt bei Temperaturerhöhung ab.		
Die maximale Luftfeuchtigkeit …		
… ist erreicht wenn der Partialdruck des Wasserdampfes gleich dem Dampfdruck des Wassers bei entsprechender Temperatur wird.		
… ist temperaturabhängig.		
… wird unter STPD-Normbedingungen gemessen.		
… wird unter ATPS-Normbedingungen gemessen.		

4.6 Wärmetransport

Transportmechanismen

(34) Mechanismen des Wärmetransports sind …
1. Diffusion
2. Konvektion
3. Wärmeleitung
4. Osmose
5. Strahlung

Richtig sind …
(A) alle Angaben
(B) 1, 2, 3 und 5
(C) 2, 3 und 5
(D) 2, 3, 4 und 5
(E) 2 und 3

Wärmestromdichte

(35) Die Wärmestromdichte hat die Einheit …
(A) A/m^2
(B) J/m^2
(C) W/m^2
(D) J/m^3
(E) W/m^3

Temperaturstrahlung

(36) Einer Ihrer Patienten hat hohes Fieber bekommen. Seine Körpertemperatur liegt bei 40 °C. Um etwa welchen Prozentsatz hat sich die durch elektromagnetische Strahlung vom Körper abgegebene Leistung gegenüber der bei normaler Körpertemperatur erhöht?
(A) 0,5 %
(B) 2 %C
(C) 4 %
(D) 8 %
(E) 11 %

Wärmestrom

(37) Zwischen den Enden eines langen runden Metallstabs liegt die Temperaturdifferenz ΔT. Nun werden Länge und Durchmesser des Metallstabs verdoppelt und die Temperaturdifferenz ΔT wird halbiert. Der Wärmestrom durch den Stab ändert sich um …
(A) −75 %
(B) −50 %
(C) 0 %
(D) +100 %
(E) +300 %

Strahlungsleistung

(38) Die Strahlungsleistung eines schwarzen Körpers mit der Temperatur T = 100 K verdoppelt sich, wenn seine Temperatur erhöht wird, auf …

(A) 110 K
(B) 119 K
(C) 141 K
(D) 171 K
(E) 200 K

Spektrale Verteilung

(39) Ein schwarzer Körper emittiert Wärmestrahlung deren maximale Strahlungsleistung bei $\lambda = 10\,\mu m$ liegt. Die Temperatur des Körpers beträgt …

(A) −16,8 °C
(B) 16,8 °C
(C) 168 °C
(D) 289,8 °C
(E) 1289 °C

4.7 Stoffgemische

Richtig oder falsch?

(40) Die Stoffmenge eines in einer Flüssigkeit gelösten Gases …

	Richtig	Falsch
… ist abhängig von den Stoffeigenschaften des Gases.		
… ist proportional zu Dampfduck der Flüssigkeit.		
… ist proportional zum Gesamtdruck des Gasgemischs über der Flüssigkeitsoberfläche.		
… ist proportional Partialdruck des Gases über der Flüssigkeitsoberfläche.		
… nimmt mit steigender Temperatur zu.		
… ist umgekehrt proportional zum Löslichkeitskoeffizienten des Gases.		

Gefrier- und Siedepunkte

(41) Wird ein Feststoff in einer Flüssigkeit gelöst, bewirken die Anziehungskräfte zwischen gelöstem Stoff und den Flüssigkeitsmolekülen eine Dampfdruckerniedrigung. Die Folgen sind …

(A) eine Siedepunktserniedrigung, der Gefrierpunkt bleibt unverändert.
(B) eine Gefrierpunktserhöhung und Siedepunktserhöhung.
(C) eine Gefrierpunktserniedrigung und Siedepunktserniedrigung.
(D) eine Gefrierpunktserhöhung und Siedepunktserniedrigung.
(E) eine Gefrierpunktserniedrigung und Siedepunktserhöhung.

Stofftransport

(42) Ein Teelöffel Salz wird in einen Liter Wasser gegeben. Daraufhin finden folgende Prozesse statt:
1. Diffusion
2. Dissoziation
3. Osmose
4. aktiver Stofftransport
5. passiver Stofftransport

Richtig sind ...
(A) 1, 2 und 3
(B) 1 und 4
(C) 1 und 5
(D) 1, 2 und 5
(E) 1, 3, 4 und 5

Osmotischer Druck

(43) In welchem Verhältnis stehen die osmotischen Drücke von 2 mmol Kaliumchlorid- und 1 mmol Magnesiumchloridlösung?

$P_{osm,\ Kaliumchlorid} : P_{osm,\ Magnesiumchlorid}$
(A) 4 : 3
(B) 2 : 1
(C) 1 : 1
(D) 2 : 3
(E) 3 : 4

Raoult-Gesetz

(44) Physiologische Kochsalzlösung ist eine 0,9 %-NaCl-Lösung. Um welchen Prozentsatz ist der Dampfdruck einer physiologischen Kochsalzlösung gegenüber reinem Wasser erniedrigt?

Van't-Hoff-Gesetz

IMPP-Hit

(45) Wieviel Sacharose $C_{12}H_{22}O_{11}$ müssen Sie in ein mit 200 ml Wasser gefülltes Glas geben, damit der osmotische Druck der Zuckerlösung 2,5 bar bei einer Raumtemperatur von 20 °C beträgt?

KAPITEL 5 Elektrizitätslehre

5.1 Wegweiser

Die Elektrizitätslehre ist ein umfangreiches Gebiet. Wichtige Themen sind

- Elektrische und magnetische Felder
- Verzweigte Stromkreise
- Kondensator und Spule bei Gleich-und Wechselspannung.

5.2 Ladung, elektrisches Feld

Elektrische Ladung

(1) Welchen Betrag kann eine elektrische Ladung annehmen?

(A) $1{,}6 \cdot 10^{-20}$ C
(B) $8{,}0 \cdot 10^{-20}$ C
(C) $2{,}0 \cdot 10^{-19}$ C
(D) $5{,}0 \cdot 10^{-19}$ C
(E) $8{,}0 \cdot 10^{-18}$ C

Das elektrische Feld

(2)

	Richtig	Falsch
Die elektrische Feldstärke ist ein skalarer Wert.		
Die Einheit der elektrischen Feldstärke ist N/C.		
Die Einheit der elektrischen Feldstärke ist V/m.		
Die elektrische Feldstärke gibt die auf eine Ladung wirkende Kraft an.		
Eine Punktladung erzeugt ein homogenes elektrisches Feld.		
Die Feldlinien einer elektrisch geladenen Metallkugel verlaufen tangential zu ihrer Oberfläche.		
Die Richtung der Feldlinien verläuft von einer positiven zur negativen Ladung.		
Die Einheit der elektrischen Feldkonstante ist $\frac{A \cdot s}{V \cdot m}$		

Feld einer Punktladung

(3) Eine Punktladung Q erzeugt in der Entfernung r ein elektrisches Feld der Stärke:

(A) $E = 4 \cdot \pi \cdot \epsilon_0 \cdot \frac{Q}{r}$

(B) $E = 4 \cdot \pi \cdot \epsilon_0 \cdot \frac{Q}{r^2}$

(C) $E = \frac{1}{4 \cdot \pi \cdot \epsilon_0} \cdot \frac{Q}{r^2}$

(D) $E = \frac{1}{4 \cdot \pi \cdot \epsilon_0} \cdot \frac{Q}{r}$

(E) $E = \epsilon_0 \cdot \frac{Q}{r^2}$

Coulomb-Gesetz

(4) Zwei Punktladungen befinden sich im Abstand d = 1,0 m. Zwischen Ihnen wird die Kraft F = 6 N gemessen.
Welchen Abstand müssten die Ladungen haben, damit die Kraft zwischen ihnen 2 N beträgt?

(A) 1,20 m
(B) 1,41 m
(C) 1,73 m
(D) 2,00 m
(E) 3,00 m

Kräfte zwischen Ladungen

(5) Drei Punktladungen der Stärke 20 μC sind wie gezeigt an den Eckpunkten eines gleichseitigen Dreiecks mit der Seitenlänge a = 0,5 m angeordnet. Berechnen Sie die Kräfte, mit denen sich die Ladungen abstoßen.

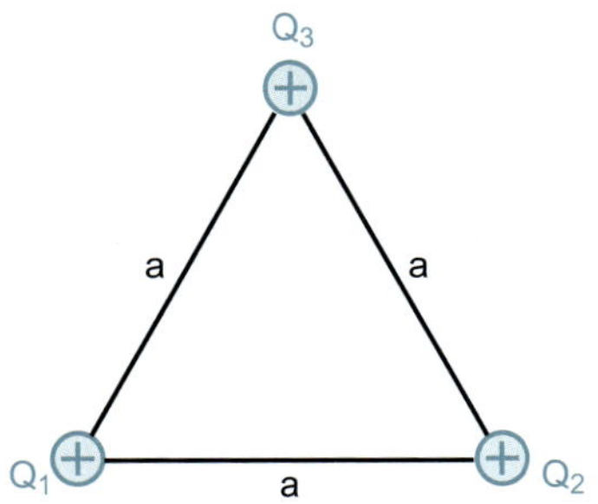

5.3 Elektrisches Potenzial, elektrische Spannung

Richtig oder falsch?

(6) Das elektrische Potenzial …

	Richtig	Falsch
… ist eine skalare Größe.		
… ist im Unendlichen unendlich groß.		
… wird in Coulomb angegeben.		
… gibt eine Spannungsdifferenz an.		
… einer Punktladung ist proportional zu 1/r (r = Abstand von der Ladung).		
… ändert seinen Wert entlang einer Äquipotenzialfläche nicht.		
… bleibt bei einer Ortsveränderung in Richtung der elektrischen Feldlinien konstant.		
… hat die gleiche Einheit wie die elektrische Feldstärke		

Beschleunigung im elektrischen Feld

(7) Beim Durchlaufen der Potenzialdifferenz U gewinnt eine Ladung q die Energie …

(A) $W = \frac{U}{q}$

(B) $W = \frac{q}{U}$

(C) $W = q \cdot U$

(D) $W = \frac{1}{2} \cdot q \cdot U^2$

(E) $W = \frac{1}{2} \cdot U \cdot q^2$

Röntgenstrahlung

(8) Eine Röntgenröhre für die Diagnostik erzeugt 100 keV Röntgenstrahlung. Im Inneren der Röhre erreichen die Elektronen eine maximale kinetische Energie von …

(A) $100 \cdot 10^{-19}$ J
(B) $1{,}0 \cdot 10^{-14}$ J
(C) $1{,}6 \cdot 10^{-19}$ J
(D) $1{,}6 \cdot 10^{-17}$ C
(E) $1{,}6 \cdot 10^{-14}$ C

Wie schnell wird es?

(9) Ein ruhendes Elektron wird durch eine Spannung U = 50 V beschleunigt. Welche Endgeschwindigkeit erreicht es?

5.4 Materie im elektrischen Feld

Elektrischer Dipol
(10)

	Richtig	Falsch
Zwei gleiche Ladungen bilden einen Dipol.		
Das Dipolmoment ist $p = q \cdot l$		
Dipole orientieren sich senkrecht zum elektrischen Feld.		
Das Dipolmoment ist ein Vektor.		
Das Wassermolekül H_2O weist ein Dipolmoment auf.		
Kohlendioxid besitzt ein Dipolmoment.		

Influenz und Polarisation
(11)

	Richtig	Falsch
Elektrische Leiter werden polarisiert, in Nichtleitern findet lediglich Influenz statt.		
Polarisation erzeugt eine asymmetrische Ladungsverteilung.		
Das durch die Polarisationsladungen erzeugte elektrische Feld ist dem äußeren Feld entgegen gerichtet.		
Die Influenzladungen befinden sich im Zentrum des Leiters.		
Die Influenzladungen schirmen das Innere eines Leiters vor äußeren elektrischen Feldern ab.		
Ein Faraday-Käfig schirmt elektromagnetische Felder ab.		
Ein Faraday-Käfig schirmt statische elektrische Felder ab.		
Ein Faraday-Käfig schirmt statische magnetische Felder ab.		

5.5 Elektrischer Strom

IMPP-Hit

Der elektrische Strom
(12)

	Richtig	Falsch
Der elektrische Strom fließt immer vom negativen zum positiven Pol.		
Der elektrische Strom kann in der Einheit C · s angegeben werden.		
Der elektrische Strom hat immer eine magnetische Wirkung.		
Der elektrische Strom hat immer eine thermische Wirkung.		
Der elektrische Strom kann eine chemische Wirkung haben.		
Die technische Stromrichtung gibt die Richtung der Bewegung der Ladungsträger in technischen Schaltkreisen an.		
Wechselstrom ändert periodisch seine Richtung.		
Wenn die Stromstärke zeitlich veränderlich ist, handelt es sich um Wechselstrom.		

Stromdichte

IMPP-Hit

(13) In Wohnungen werden Leitungen mit einem Querschnitt von 1,5 mm^2 verbaut. Bei einer Stromstärke von 10 A beträgt die Stromdichte …

(A) $1{,}5 \cdot 10^{-5}\ A \cdot m^2$
(B) $150\ A \cdot m^2$
(C) $6{,}7 \cdot 10^4\ mA/cm^2$
(D) $6{,}7 \cdot 10^6\ A/m^2$
(E) $67\ A/m^2$

5.6 Der elektrische Stromkreis

Systematische Fehler

(14) In der gezeigten Schaltung werden der Strom durch einen Ohm'schen Widerstand und die anliegende Spannung gemessen. Aus den so erhaltenen Messwerten wird der Widerstand berechnet. Das Amperemeter habe einen Innenwiderstand R_A, das Voltmeter einen Innenwiderstand R_V.

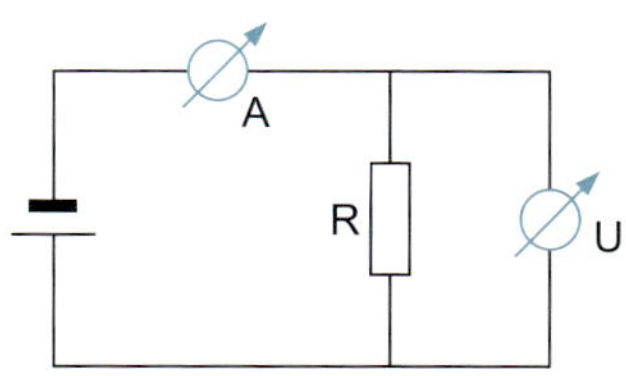

1. Der Strom durch den Widerstand wird richtig gemessen, die Spannung zu groß.
2. Der Strom durch den Widerstand wird zu klein gemessen, die Spannung richtig.
3. Der Strom durch den Widerstand wird zu groß gemessen, die Spannung richtig.
4. Der berechnete Wert des Widerstands ist zu hoch.
5. Der berechnete Wert des Widerstands ist zu niedrig.

Richtig sind …

(A) 1 und 4
(B) 2 und 4
(C) 2 und 5
(D) 3 und 4
(E) 3 und 5

Ohm'sche Widerstände

IMPP-Hit

(15) Drei Ohm'sche Widerstände mit einem Wert von jeweils 100 Ω sollen miteinander verschaltet werden, sodass durch jeden Widerstand ein Strom $I > 0$ fließt. Welche Gesamtwiderstände können so realisiert werden?

IMPP-Hit

Elektrische Leistung

(16) Eine Halogenlampe wird mit 6 % Überspannung betrieben. Verglichen mit ihrer Nennleistung beträgt die Leistung nun etwa …

(A) 103 %
(B) 106 %
(C) 112 %
(D) 118 %
(E) 124 %

Spannungsteiler

(17) In der gezeigten Schaltung ist $U_{ges} = 20$ V, $R_1 = 10$ kΩ und R2 = 30 kΩ.

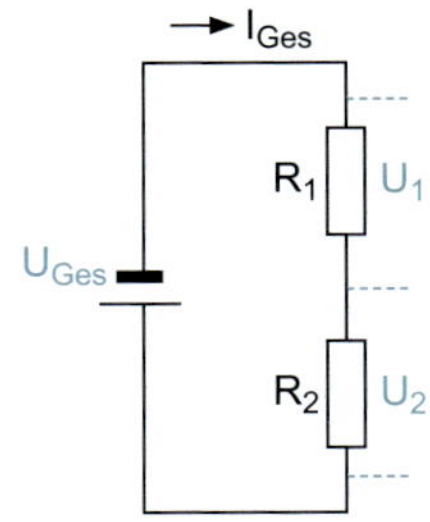

	Richtig	Falsch
R_1 und R_2 bilden einen Spannungsteiler.		
Die Teilspannungen U_1 und U_2 addieren sich zur Gesamtspannung U_{ges}.		
Die Teilströme I_1 und I_2 durch die Widerstände sind proportional zu den Widerstandswerten.		
Es ist $I_1 + I_2 = I_{ges}$		
$I_{ges} = 0{,}5$ mA		
Die Stromspannung am Widerstand R_1 beträgt $U_1 = 5$ V.		

IMPP-Hit

Schaltungen von Widerständen

(18) Ein elektrischer Verbraucher mit dem unbekannten Widerstand R_V wird über den aus den beiden Widerständen $R_1 = R_2 = 50\ \Omega$ gebildeten Spannungsteiler an einer Spannung $U_0 = 100$ V betrieben. Ein Voltmeter zeigt, dass am Verbraucher eine Spannung von 40 V anliegt.

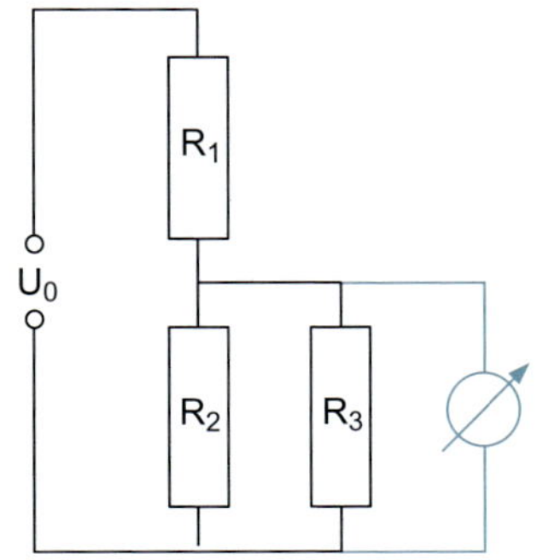

Welche elektrische Leistung wird an R_V umgesetzt?

Spannungsquellen

(19) An eine Spannungsquelle mit der Leerlaufspannung $U_0 = 10$ V wird ein Verbraucher mit einer Stromaufnahme von 100 mA angeschlossen. Dabei sinkt die Spannung auf U = 9 V. Welchen Spannungswert erwarten Sie, wenn die Quelle 1,2 A abgeben soll?

(A) 5 V
(B) 2 V
(C) 0 V
(D) −2 V
(E) Die Quelle kann keine 1,2 A abgeben.

5.7 Elektrische Kapazität

Plattenkondensator

IMPP-Hit

(20) Ein luftgefüllter Plattenkondensator besteht aus zwei quadratischen Metallplatten mit einer Kantenlänge von 10 cm, die sich in einem Abstand von 1 cm gegenüberstehen. Der Kondensator wird auf eine Spannung U = 100 V aufgeladen. Er trägt die Ladung …

(A) $8{,}85 \cdot 10^{-13}$ C
(B) $8{,}85 \cdot 10^{-11}$ C
(C) $8{,}85 \cdot 10^{-10}$ C
(D) $8{,}85 \cdot 10^{-9}$ C
(E) $8{,}85 \cdot 10^{-7}$ C

Ladevorgang

IMPP-Hit

(21) Ein Kondensator der Kapazität C = 10 μF wird über einen Widerstand R = 200 kΩ aufgeladen. Er ist auf 95 % der angelegten Spannung aufgeladen nach etwa …

(A) 0,1 s
(B) 0,4 s
(C) 2 s
(D) 6 s
(E) 10 s

Dielektrikum

IMPP-Hit

(22) Ein luftgefüllter Plattenkondensator hat den Plattenabstand d und die Kapazität C. In den Kondensator wird ein Dielektrikum der Dicke d/2 und der relativen Dielektrizitätszahl $\varepsilon_r = 3$ eingeschoben.
Die Kapazität des Kondensators ändert sich dadurch auf …

(A) 2/3 C
(B) 3/2 C
(C) 4/3 C
(D) 5/3 C
(E) 5/2 C

IMPP-Hit

Kondensatoren

(23) Ein Kondensator der Kapazität C auf die Spannung U aufgeladen. Die Anschlüsse des Kondensators werden von der Spannungsquelle getrennt. Nun wird durch Auseinanderziehen der Platten deren Abstand verdoppelt.
Um welchen der in der oberen Tabelle genannten Faktoren ändern sich die in der unteren Tabelle gelisteten Größen?

Multiplikator				
¼	½	1	2	4

Größe	Faktor
Ladung	
Spannung	
Kapazität	
Energie	
elektrische Feldstärke	
Energiedichte	

5.8 Elektrizitätsleitung

Elektrizitätsleitung in Festkörpern

(24)

	Richtig	Falsch
Im Festkörper transportieren positive und negative Ladungsträger den elektrischen Strom.		
Alle Elektronen eines Metalls stehen zum Stromtransport zur Verfügung.		
Die Leitfähigkeit von Silizium steigt mit der Temperatur.		
Die Leitfähigkeit von Kupfer steigt mit der Temperatur.		
Es stellt sich eine zur Stromstärke proportionale Driftgeschwindigkeit der Elektronen ein.		

Elektrolyse

(25) Durch Elektrolyse wird 1 mmol eines einwertigen Stoffes innerhalb von 10 min abgeschieden. Die Stromstärke durch den Elektrolyten beträgt etwa …

(A) 60 mA
(B) 120 mA
(C) 160 mA
(D) 240 mA
(E) 300 mA

Leitung in Flüssigkeiten, Gasen und im Vakuum
(26)

	Richtig	Falsch
In Flüssigkeiten wird der elektrische Strom durch Elektronen und positive Ionen transportiert.		
Eine Lösung, die Ionen enthält, wird Elektrolyt genannt.		
Die Kathode ist die negative Elektrode.		
Kationen tragen eine negative Ladung.		
Gase sind Nichtleiter.		
Die Ionisierungsenergie eines Gases ist abhängig von seiner Temperatur.		
Durch ein Vakuum kann kein elektrischer Strom transportiert werden.		

5.9 Elektrische Spannungen an Grenzflächen, Diffusionsspannung

Kontaktspannung
(27) An der Grenzfläche zweier Metalle tritt eine Kontaktspannung auf. Dieser Effekt wird benutzt zur …
1. Temperaturmessung
2. Heizung und/oder Kühlung
3. Stromerzeugung
4. galvanischen Oberflächenveredelung
5. Legierungsbildung

Richtig sind …
(A) alle Antworten
(B) 1, 2 und 3
(C) 1 und 2
(D) 1, 2, 3 und 4
(E) 2, 3, 4 und 5

Normalelektrode

(28) Zur Bestimmung des elektrochemischen Potenzials eines Materials wird die galvanische Spannung gegenüber einer Normalelektrode gemessen. Solche Normalelektroden sind ...

1. Elektroden aus Metallhydriden
2. Elektroden aus Edelmetallen in Argon-Atmosphäre
3. mit Edelgas umspülte Platinelektroden
4. mit Wasserstoff umspülte Goldelektroden
5. mit Wasserstoff umspülte Platinelektrode

Richtig sind ...
(A) 1, 4 und 5
(B) 2, 3 und 4
(C) 3, 4 und 5
(D) nur 4
(E) nur 5

Membranspannung

(29) Eine ionenselektive Membran trennt zwei Kompartimente eines Elektrolyten. Auf einer Seite befinden sich Anionen A1 mit einer Konzentration von 20 µmol/dl, und auf der anderen Seite Anionen A2 mit der Konzentration 2 mmol/dl.
Die Membran ist nur für eine Sorte der Anionen permeabel. Beide Ionensorten sind einwertig.
An der Membran entsteht eine Spannung von ...
(A) 0,026 V
(B) 0,059 V
(C) 0,118 V
(D) 0,26 V
(E) 0,59 V

5.10 Magnetische Größen

Magnetische Flussdichte

(30) Die magnetische Flussdichte in einem Kernspintomographen ist um welchen Faktor größer als die des Erdmagnetfeldes?
(A) 10^2
(B) 10^3
(C) 10^4
(D) 10^5
(E) 10^6

Dia-, Para- und Ferromagnetismus

(31) Ordnen Sie die relativen Permeabilitätszahlen paramagnetischer μ_p, diamagnetischer μ_d und ferromagnetischer Stoffe μ_f nach ihrer Größe.

(A) $\mu_d < \mu_p << \mu_f$
(B) $\mu_p < \mu_p << \mu_f$
(C) $\mu_d << \mu_f << \mu_p$
(D) $\mu_d << \mu_p < \mu_f$
(E) $\mu_f << \mu_p < \mu_d$

Das magnetische Feld

(32)

	Richtig	Falsch
Die magnetischen Feldlinien beginnen am Nordpol eines Magneten und enden am Südpol.		
Die magnetische Feldstärke wird in Tesla angegeben.		
Im Inneren einer langen stromdurchflossenen Spule ist das Magnetfeld homogen.		
Zwischen zwei Spulen mit dem Radius R, die sich im Abstand R gegenüberstehen, ist das magnetische Feld homogen.		
Die Einheit der magnetischen Feldkonstante ist $\frac{V \cdot s}{A \cdot m}$		
Jeder stromdurchflossene elektrische Leiter ist von einem magnetischen Feld umgeben.		
Jede bewegte elektrische Ladung erzeugt ein magnetisches Feld.		
Die Lorentzkraft wirkt auf alle elektrischen Ladungen.		
Die Einheit des magnetischen Flusses ist das Weber.		

Magnetfeld einer Spule

(33) Das magnetische Feld in einer langen Spule mit einer Windungsdichte von 500 Windungen pro Meter, die von einem Strom der Stärke 2 A durchflossen wird, hat die Flussdichte …

(A) 1,26 mT
(B) 1,26 µT
(C) $3{,}52 \cdot 10^{-4}$ T
(D) $3{,}52 \cdot 10^{-3}$ T
(E) 1,26 T

IMPP-Hit

Lorentzkraft

(34) Ein Teilchenstrahl tritt senkrecht zur Feldrichtung in ein magnetisches Feld ein. Das magnetische Feld weist senkrecht in die Zeicheneben hinein. Der Strahl wird, wie in der Abbildung gezeigt, abgelenkt.

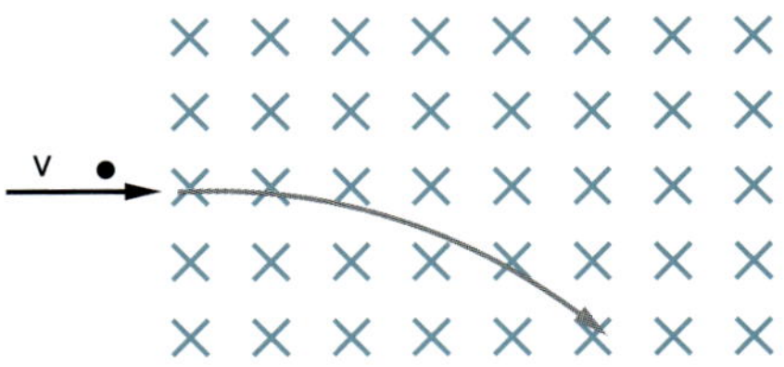

Um welche Teilchen kann es sich handeln?

1. Elektronen
2. Positronen
3. Protonen
4. Neutronen
5. Myonen

Richtig sind …

(A) 1 und 2
(B) 2 und 3
(C) 3 und 4
(D) 3 und 5
(E) 1 und 5

Geschwindigkeitsfilter

(35) Die gezeigte Anordnung aus senkrecht aufeinanderstehendem elektrischem und magnetischem Feld bildet einen Geschwindigkeitsfilter.

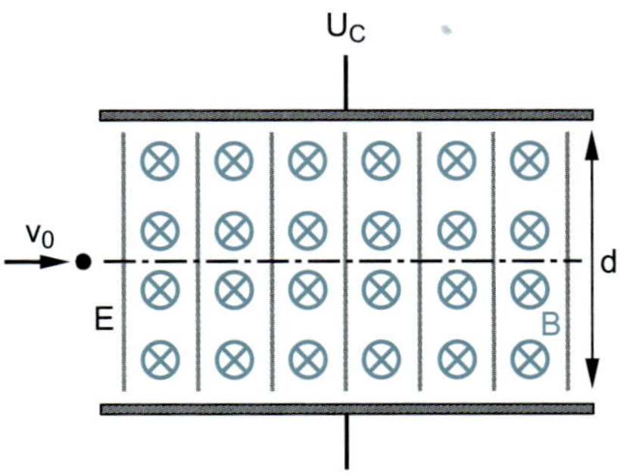

Protonen mit einer Geschwindigkeit von $v_0 = 4 \cdot 10^5$ m/s sollen die Anordnung ohne Ablenkung geradlinig durchlaufen.

Am Kondensator liegt die Spannung U = 150 V an, der Plattenabstand beträgt d = 10 cm.

a) Welche Polung muss die Kondensatorspannung haben?

b) Welche magnetische Flussdichte muss eingestellt werden?

c) Die Spannungsversorgung des Kondensators fällt aus. Nachdem er sich entladen hat, bewegen sich die Protonen auf einer Kreisbahn. Wie groß ist deren Radius?

Induktion

(36) Eine Spule wird von einem Strom von I = 2 A durchflossen. Der Energieinhalt des magnetischen Feldes beträgt 8,0 J. Nun wird der Strom innerhalb von 10 ms auf 0 heruntergefahren.

Welche Spannung wird an der Spule induziert?

(A) 110 V
(B) 160 V
(C) 220 V
(D) 320 V
(E) 800 V

Transformator

(37) Die Primärwicklung eines idealen, verlustfreien Transformators hat $n_p = 600$ Windungen, die Sekundärwicklung hat $n_s = 2400$ Windungen.

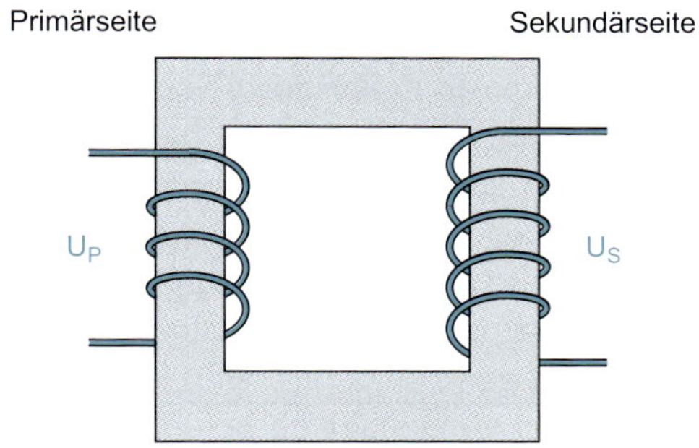

Die Primärspannung beträgt $U_p = 50$ V, der Sekundärstrom $I_s = 2$ A.

Welche Leistung überträgt der Kondensator?

(A) 100 W
(B) 200 W
(C) 400 W
(D) 800 W
(E) 1600 W

Messinstrumente

(38) Bei einem analogen Multimeter sollte der Messbereich nach Möglichkeit so gewählt werden, dass die Anzeige …

(A) im unteren Drittel des Messbereichs liegt.
(B) etwa in der Mitte der Skala liegt.
(C) die Skalenmitte nicht überschreitet.
(D) im oberen Drittel des Messbereichs liegt.
(E) das obere Drittel des Messbereichs nicht erreicht.

5.11 Wechselspannung, Wechselstrom

Effektivwert

(39) Der Effektivwert einer Wechselspannung …

(A) ist der Wert einer Gleichspannung, die an einem ohmschen Widerstand die gleiche joulesche Wärmeleistung liefert.

(B) ist der Mittelwert der Wechselspannung.

(C) ist die Hälfte der Differenz $U_{max} - U_{min}$

(D) ist von der Frequenz der Wechselspannung abhängig.

(E) liegt bei 68 % der maximalen Spannung.

Oszillograf

(40) Am Schirm eines Oszillografen sehen Sie das dargestellte Signal.

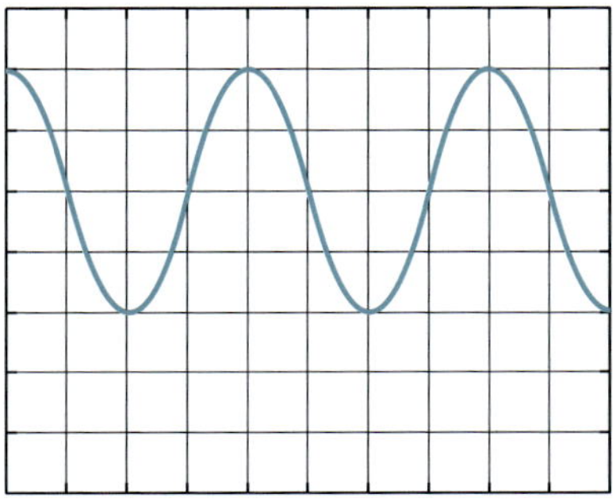

Als Geräteeinstellung lesen sie ab 100 V/cm und 10 ms/cm.
Geben Sie die Daten der Wechselspannung an.

Größe	Wert
U_0	
U_{eff}	
U_{ss}	
f	
T	
ω	

Wechselstromwiderstände

(41) Die gezeigte Reihenschaltung aus Ohm'schem Widerstand, Spule und Kondensator wird auch als Siebkette bezeichnet.

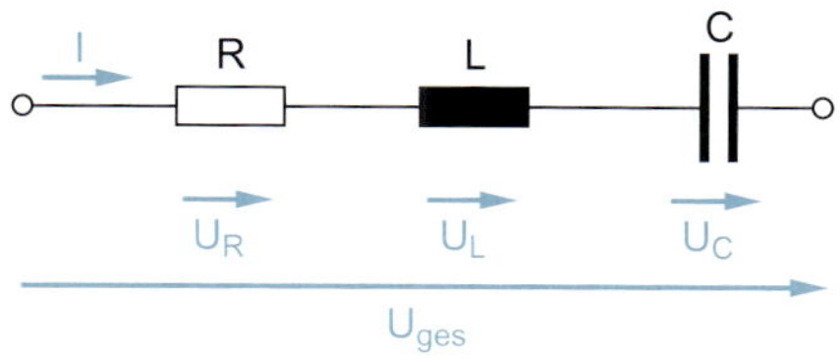

Die Daten der Schaltung sind R = 10 Ω, L = 20 mH, C = 1 µF. Für welche der genannten Frequenzen hat die Anordnung den kleinsten Gesamtwiderstand?

(A) 10 Hz
(B) 100 Hz
(C) 1 kHz
(D) 10 kHz
(E) 100 kHz

Phasenverschiebung

(42) Bei einer Spule beträgt die Phasenverschiebung zwischen Strom und Spannung …

(A) $\pi/2$
(B) $\pi/4$
(C) 0
(D) $-\pi/4$
(E) $-\pi/2$

Schwingkreis

(43) Ein elektrischer Schwingkreis kann gebildet werden mit …

1. Kondensator und ohmschem Widerstand
2. Kondensator und Spule
3. Spule und ohmschem Widerstand
4. zwei Kondensatoren
5. zwei Spulen

Richtig sind …

(A) 1, 2 und 3
(B) nur 2
(C) 2 und 3
(D) 1 und 4
(E) 2 und 5

Elektroinstallation

(44) Im Haushalt haben die Kabel der Elektroinstallation 3 Adern, …

(A) weil 3-Phasen-Wechselspannung verwendet wird.

(B) damit bei einer Leitungsunterbrechung noch eine Reserve zur Verfügung steht.

(C) damit neben Null und Phase noch ein Schutzleiter vorhanden ist.

(D) damit zwei Verbraucher unabhängig voneinander geschaltet werden können.

(E) weil das 3-adrige Kabel aufgrund seines größeren Gesamtquerschnitts eine höhere Leistung übertragen kann.

KAPITEL 6 Schwingungen und Wellen

6.1 Wegweiser

Wichtige Themen sind hier
- Eigenschaften von Schwingungen, Wellengleichung
- Kenngrößen des Schalls, besonders das logarithmische Pegelmaß Dezibel (dB)
- Elektromagnetische Wellen

6.2 Schwingungen

Schwingungsgleichung

IMPP-Hit

(1) Eine Schwingung kann mathematisch dargestellt werden durch die Funktionen …

1. $Y_{(t)} = y_0 \cdot sin(\omega t)$
2. $Y_{(t)} = y_0 \cdot sin(\omega + \varphi)$
3. $Y_{(t)} = y_0 \cdot sin(\omega t + \varphi)$
4. $Y_{(t)} = y_0 \cdot cos(\omega t + \varphi)$
5. $Y_{(t)} = y_0 \cdot tan(\omega t + \varphi)$

Richtig sind …
(A) alle Antworten
(B) 1, 2, 3 und 4
(C) 2, 3, 4 und 5
(D) 1, 3 und 4
(E) 3, 4 und 5

Fadenpendel

(2) Sie wandern aus auf den Mond, um dort frei von den Regularien der kassenärztlichen Vereinigung eine innovative Praxis zu eröffnen. In Ihrem Hausrat nehmen Sie ein antikes Erbstück, eine Pendeluhr, mit.
Im Vergleich mit der Funktion auf der Erde wird die Uhr auf dem Mond …
(A) die Zeit korrekt anzeigen
(B) um etwa den Faktor 2,5 schneller laufen.
(C) um etwas den Faktor 6 schneller laufen.
(D) um etwa den Faktor 2,5 langsamer laufen
(E) um etwa den Faktor 6 langsamer laufen.

Fadenpendel – Richtig oder falsch?

(3) Beim Fadenpendel …

	Richtig	Falsch
… ist die kinetische Energie im Nulldurchgang am größten.		
… ist die Beschleunigung in den Umkehrpunkten gleich Null.		
… wird eine Energieform in eine andere umgewandelt.		
… ist die Summe aus kinetischer und potenzieller Energie konstant.		
… ist die Schwingungsdauer proportional zur Fadenlänge.		
… können negative Werte der kinetischen Energie auftreten.		
… können negative Werte der potenziellen Energie auftreten.		

Federpendel

(4) Ein Federpendel soll als Metronom verwendet werden und dafür eine Schwingungsdauer von $T = 1{,}0\,s$ aufweisen. Es steht eine Masse von $M = 1\,kg$ zur Verfügung. Es wird eine Feder benötigt mit einer Härte von …

(A) π^2 N/m
(B) $2 \cdot \pi$ N/m
(C) $2 \cdot \pi^2$ N/m
(D) $4 \cdot \pi$ N/m
(E) $4 \cdot \pi 2$ N/m

Gedämpfte Schwingung

(5) Die Amplitude einer gedämpften Schwingung ist nach 10 s auf 14 % ihres Anfangswertes gefallen. Die Dämpfungskonstante δ der Schwingung beträgt etwa …

(A) $0{,}02\,s^{-1}$
(B) $0{,}04\,s^{-1}$
(C) $0{,}2\,s^{-1}$
(D) $0{,}4\,s^{-1}$
(E) $0{,}8\,s^{-1}$

6.3 Wellen

Longitudinalwellen

(6) Bei der Ausbreitung longitudinaler Wellen können folgende Phänomene auftreten:

1. Reflexion
2. Brechung
3. Polarisation
4. Streuung
5. Dispersion

Richtig sind …

(A) alle Antworten
(B) 1, 2 und 4
(C) 2, 3, 4 und 5
(D) 1, 2, 4 und 5
(E) 3, 4 und 5

Wellen – Richtig oder falsch?

(7) Wellen …

	Richtig	Falsch
… benötigen immer ein Medium, in dem sie sich ausbreiten.		
… sind periodische Vorgänge, die sich im Raum ausbreiten.		
… transportieren Materie.		
… transportieren Energie.		
… können Information transportieren.		
… verstärken sich immer bei Überlagerung.		
… ändern ihre Wellenlänge an einer Phasengrenze.		
Es werden Longitudinal-, Transversal- und Sagittalwellen unterschieden.		
Bei stehenden Wellen ist die Ausbreitungsgeschwindigkeit gleich Null.		

Punktstrahler

(8) Eine punktförmige Quelle strahlt eine Welle mit der Leistung von 3142 W ab. In 5 m Entfernung beträgt die Leistungsdichte ρ …

(A) 100 W/m^2
(B) 75 W/m^2
(C) 50 W/m^2
(D) 25 W/m^2
(E) 10 W/m^2

Stehende Wellen

(9) Auf einer Strecke der Länge $l = 2{,}0\,m$ bilden sich stehende Wellen aus. Welche der genannten Wellenlängen können dabei auftreten?

1. $\lambda = 4{,}0\,m$
2. $\lambda = 3{,}0\,m$
3. $\lambda = 1{,}0\,m$
4. $\lambda = 0{,}75\,m$
5. $\lambda = 0{,}4\,m$

Richtig sind …

(A) 1 und 2
(B) 3, 4, und 5
(C) 3 und 4
(D) 3 und 5
(E) 1, 3 und 5

6.4 Schallwellen

Schall

IMPP-Hit

(10) Als Schall werden Druck- und Dichteschwankungen bezeichnet in einem Frequenzbereich von …

(A) 16 Hz–16 kHz
(B) 20 Hz–16 kHz
(C) 50 Hz–17 kHz
(D) 20 Hz–20 kHz
(E) 50 Hz–20 kHz

Schallgeschwindigkeit

IMPP-Hit

(11) Ein Ultraschall-Entfernungsmesser arbeitet mit einer Frequenz von 68 kHz. Es wird eine Entfernung von 17 m gemessen. Die Zeit Δt zwischen dem Aussenden eines Schallimpulses und dem Empfang des Echos beträgt …

(A) 25 ms
(B) 40 ms
(C) 50 ms
(D) 100 ms
(E) 200 ms

Ultraschall

IMPP-Hit

(12) Bei der Ultraschalldiagnostik eines Patienten würden Sie gerne Strukturen im Größenbereich 0,5 mm erkennen können. Sie wählen einen Schallkopf mit der Arbeitsfrequenz von …

(A) 2,0 MHz
(B) 3,0 MHz
(C) 4,5 MHz
(D) 5,0 MHz
(E) 7,5 MHz

Phonskala

(13) Der Lautstärkepegel in Phon …

IMPP-Hit

(A) gibt den Schallpegel eines Sinustons von 1000 Hz an, der als gleich laut empfunden wird wie das eigentliche Schallereignis.
(B) gibt den Schallpegel eines Sinustons von 3000 Hz an, der als gleich laut empfunden wird wie das eigentliche Schallereignis.
(C) gibt das Verhältnis des Schallintensitätspegels des Schallereignisses zur Hörschwelle an.
(D) gibt das Verhältnis des Schalldruckpegels des Schallereignisses zur Hörschwelle an.
(E) hat die gleichen Werte wie der Schallintensitätspegel, angegeben in dB bei 5000 Hz.

Schalldruck

(14) Am Lautsprecher einer Diskothek wird ein Schalldruckpegel von 2 Pa gemessen. Das entspricht einen Schalldruckpegel von …

IMPP-Hit

(A) 50 dB
(B) 60 dB
(C) 80 dB
(D) 100 dB
(E) 120 dB

Doppler-Effekt

(15) Die mittlere Frequenz der Töne des Martinshorns eines Notarztwagens liegt bei etwa 500 Hz. Sie stehen am Straßenrand, während der Notarztwagen sich Ihnen mit einer Geschwindigkeit von 120 km/h nähert. Sie nehmen das Martinshorn wahr mit einer Frequenz von etwa …

IMPP-Hit

(A) 520 Hz
(B) 550 Hz
(C) 600 Hz
(D) 625 Hz
(E) 650 Hz

Isophone

(16) Auf einer Isophone liegen Töne, …

IMPP-Hit

(A) die als gleich laut empfunden werden.
(B) die den gleichen Schallintensitätspegel haben.
(C) die den gleichen Schalldruckpegel haben.
(D) die die gleiche Tonhöhe haben.
(E) die den gleichen Klang haben.

IMPP-Hit

Pegeladdition

(17) Ein Kleinkind schreit mit einem Schallpegel von 75 dB. Dadurch weckt es seinen Zwillingsbruder, der sogleich mit derselben Intensität mit einstimmt. Beide Kinder zusammen erzeugen eine Schallintensität von …

(A) 77 dB
(B) 78 dB
(C) 81 dB
(D) 95 dB
(E) 150 dB

IMPP-Hit

Pegeladdition

(18) Für High-Speed-Internetverbindungen werden in Ihrer Straße Glasfaserkabel verlegt. Es wird mit einem Presslufthammer gearbeitet, dessen Schallpegel bei 95 dB liegt, und mit einer Baumaschine mit einer Schallintensität von 85 dB.
Beide zusammen erzeugen einen Schallintensitätspegel von …

(A) 95,0 dB
(B) 95,4 dB
(C) 97,5 dB
(D) 98,0 dB
(E) 99,0 dB

IMPP-Hit

Abstandsgesetz

(19) In einer Entfernung von 5 m von einem Flugzeugtriebwerk wird eine Schallintensität von 108 dB gemessen.
In einer Entfernung von 50 m beträgt der Schallpegel …

(A) 105 dB
(B) 98 dB
(C) 88 dB
(D) 85 dB
(E) 78 dB

IMPP-Hit

Fluglärm

(20) Ein zweistrahliges Passagierflugzeug steht am Abfluggate und bereitet sich auf den Start vor. Nach dem Anlassen des ersten Triebwerks wird ein Schallintensitätspegel von 82 dB gemessen.

a) Wie hoch ist der Schallpegel, wenn nun auch das zweite Triebwerk gestartet wird?
b) Am Nachbargate lässt ein weiteres Flugzeug seine Triebwerke an. Es wird jetzt ein Gesamtpegel von 90 dB gemessen. Ist das zweite Flugzeug lauter oder leiser als das Erste? Welcher Pegel würde gemessen, wenn beide die gleichen Flugzeugtypen wären?
c) Berechnen Sie den Schallpegel des zweiten Flugzeugs.

6.5 Elektromagnetische Wellen

Welleneigenschaften

(21) Bei elektromagnetischen Wellen sind die elektrischen und magnetischen Felder ...

IMPP-Hit

(A) zueinander gleichsinnig parallel gerichtet.
(B) einander entgegen gerichtet.
(C) in die Ausbreitungsrichtung der Welle zeigend.
(D) longitudinal und transversal zur Welle gerichtet.
(E) aufeinander senkrecht stehend.

Elektromagnetische Strahlung

(22) Ordnen Sie die nachfolgend genannten elektromagnetischen Strahlungen aufsteigend nach ihrer Wellenlänge.

IMPP-Hit

1. diagnostische Röntgenstrahlung
2. ultraviolette Strahlung
3. Mikrowelle
4. Radiowellen
5. γ-Strahlung

Richtig ist ...
(A) $1 < 2 < 3 < 4 < 5$
(B) $5 < 1 < 2 < 3 < 4$
(C) $1 < 5 < 2 < 3 < 4$
(D) $5 < 1 < 3 < 2 < 4$
(E) $5 < 1 < 2 < 4 < 3$

Licht

(23) Grünes Licht hat eine Frequenz von etwa ...

IMPP-Hit

(A) $3 \cdot 10^{14}$ Hz
(B) $6 \cdot 10^{14}$ Hz
(C) $8 \cdot 10^{14}$ Hz
(D) $3 \cdot 10^{15}$ Hz
(E) $5 \cdot 10^{15}$ Hz

Photonenenergie

(24) Elektromagnetische Strahlung der Wellenlänge $\lambda = 600\,\text{nm}$ wird als gelb-oranges Licht wahrgenommen. Ein Photon dieses Lichts hat die Energie ...

IMPP-Hit

(A) $1{,}32 \cdot 10^{-18}$ J
(B) $6{,}62 \cdot 10^{-19}$ J
(C) $3{,}31 \cdot 10^{-19}$ J
(D) $1{,}32 \cdot 10^{-20}$ J
(E) $6{,}62 \cdot 10^{-20}$ J

IMPP-Hit

Ionisierende Strahlung

(25) Zu den ionisierenden Strahlungen zählen …

1. Mikrowellen
2. weiche Röntgenstrahlung
3. UV-C
4. Mobilfunk
5. γ-Strahlung

Richtig sind …

(A) 1, 2 und 3
(B) 3, 4 und 5
(C) 2, 3, 4 und 5
(D) 2, 3, 5
(E) 2 und 5

IMPP-Hit

Ionisation

(26) Bei der Ionisation eines Moleküls werden etwa 100 eV übertragen. Welche Wellenlänge muss zur Ionisierung fähige elektromagnetische Strahlung besitzen?

KAPITEL 7 Optik

7.1 Wegweiser

Wichtige Themen der Optik sind
- Geometrische Optik, Bildkonstruktion an der Linse
- Interferenz und Wellenoptik
- Optische Geräte, Mikroskop, Photometer

7.2 Licht

Lichttechnische Einheiten

IMPP-Hit

(1) Lichttechnische Einheiten sind …
1. Lux
2. Lumen
3. Candela
4. ISO
5. ASA

Richtig sind …
(A) alle Antworten
(B) 1, 2 und 3
(C) 3, 4 und 5
(D) 1, 2, 3 und 4
(E) 1, 2, 3 und 5

Lichtstrom

IMPP-Hit

(2) Ein tageslichttauglicher Videoprojektor liefert einen Lichtstrom von 3000 Lumen. Seine Lichtleistung beträgt …
(A) 1,5 W
(B) 3,0 W
(C) 4,4 W
(D) 7,2 W
(E) 9,6 W

Beleuchtungsstärke

(3) Ein LED-Strahler erzeugt einen Lichtstrom von 500 Lumen. Sein Abstrahlwinkel beträgt 90°. In einer Entfernung von 2 m beträgt die Beleuchtungsstärke etwa …

(A) 10 lx
(B) 40 lx
(C) 100 lx
(D) 250 lx
(E) 500 lx

Lichtmessung

(4) Licht kann detektiert und quantitativ gemessen werden mit folgenden Geräten:

1. Photowiderstand
2. Sekundärelektronenvervielfacher
3. Photozelle
4. Photodiode
5. Filmemulsion

Richtig sind …

(A) alle Antworten
(B) 1, 2 und 3
(C) 3, 4 und 5
(D) 1, 2, 3 und 4
(E) 1, 2, 3 und 5

Laser

(5) Das Licht eines Lasers …

1. kann mit einem Prisma in seine einzelnen Wellenlängen zerlegt werden.
2. ist monochromatisch.
3. ist kohärent.
4. besteht immer aus kurzen Lichtimpulsen.
5. erzeugt im menschlichen Auge immer eine Lichtempfindung.

Richtig sind …

(A) alle Antworten
(B) 1, 2, 3 und 4
(C) 2, 3, 4 und 5
(D) 2, 3 und 4
(E) 2 und 3

Photoeffekt

(6) Licht der Wellenlänge $\lambda = 450\,\text{nm}$ löst aus einem Metall Elektronen heraus. Die erforderliche Austrittsarbeit liegt bei $W_a = 1{,}5\,\text{eV}$. Mit welcher Geschwindigkeit verlassen die Elektronen das Metall?

Laser

(7) Das Akronym LASER steht für Light A ______________ by Stimulated Emission of R ______________. Im Laser wird Licht zwischen zwei ______________ hin und her geworfen. Auf seinem Weg regt es angeregte Atome zur ______________ eines Photons an. Das emittierte Photon ist ______________ zu dem anregenden Photon. Beide schwingen im Gleichtakt, sie sind ______________.
Einer der Spiegel ist ______________, damit kann das Licht den Laser verlassen.
Der Laser sendet ______________ Licht aus, d.h. es hat nur eine bestimmte Wellenlänge.
Die Wellenlänge des Laserlichts kann im ______________ Bereich liegen, aber auch im Infrarot oder ______________.
Einige Laser senden kurze Lichtimpulse, andere Bauarten einen ______________ Strahl.

7.3 Geometrische Optik

Reflexion

(8) Sie stehen 0,8 m von einem ebenen Spiegel entfernt. Ihr Spiegelbild …
(A) erscheint 0,8 m entfernt.
(B) erscheint 1,6 m entfernt.
(C) ist seitenverkehrt.
(D) ist vergrößert.
(E) ist verkleinert.

Dispersion

(9) Der Begriff Dispersion bezeichnet …
(A) die Wellenlängenabhängigkeit der Lichtbrechung.
(B) die Frequenzabhängigkeit der Lichtbrechung.
(C) die Frequenzabhängigkeit der Lichtstreuung.
(D) die Drehung der Polarisationsebene des Lichtes.
(E) die Winkelabhängigkeit der Totalreflexion des Lichtes.

Chromatische Korrektur

(10) Apochromatische Objektive …
(A) sind nur für Schwarz-weiß-Abbildungen geeignet.
(B) sind in ihrer chromatischen Aberration für eine Wellenlänge korrigiert.
(C) sind in ihrer chromatischen Aberration für zwei Wellenlängen korrigiert.
(D) sind in ihrer chromatischen Aberration für drei Wellenlängen korrigiert.
(E) sind in ihrer chromatischen Aberration für vier Wellenlängen korrigiert.

Licht und Materie

(11) Rotes Licht mit einer Wellenlänge von 665 nm in Luft hat in Wasser die Wellenlänge …

(A) 445 nm
(B) 500 nm
(C) 600 nm
(D) 665 nm
(E) 885 nm

IMPP-Hit

Brechungsindex

(12) Ordnen Sie die in der ersten Tabelle genannten Brechungsindizes den in der zweiten Tabelle aufgelisteten Materialien zu.

Brechungsindizes				
1,00	1,33	1,51	1,61	2,42

Material	n
Diamant	
Luft	
Flintglas	
Kronglas	
Wasser	

IMPP-Hit

Wasserspiele

(13) Am Boden eines Pools mit einer Wassertiefe von 2 m wurde ein Unterwasserscheinwerfer mit einen Abstrahlwinkel von 120° montiert. Wie groß ist die von außerhalb des Beckens sichtbare erleuchtete Fläche?

IMPP-Hit

Lichtbrechung

(14) Ein Lichtstrahl fällt aus der Luft kommend unter einem Winkel $\alpha = 45°$ zum Einfallslot auf die Grenzfläche zu Glas ($n = 1{,}5$). Im Glas beträgt der Winkel des Stahls zum Einfallslot …

(A) –10°
(B) 0°
(C) 28°
(D) 45°
(E) 62°

Abbildungen

IMPP-Hit

(15) Ein Gegenstand kann abgebildet werden mit …
1. einer bikonvexen Linse.
2. einer bikonkaven Linse.
3. einer konvex-konkaven Linse.
4. einem sphärischen Hohlspiegel.
5. einem Parabolspiegel.

Richtig sind …
(A) alle Antworten
(B) 1, 2, 3 und 4
(C) 2, 3, 4 und 5
(D) 1, 3, 4, und 5
(E) 1 und 4

Brennweite

IMPP-Hit

(16) Die Brennweite eines Objektivs soll von $f_1 = 40\,\text{mm}$ durch eine Vorsatzlinse auf $f_2 = 50\,\text{mm}$ vergrößert werden. Die dazu erforderliche Vorsatzlinse hat eine Brennweite von …
(A) –40 cm
(B) –20 cm
(C) 10 cm
(D) 20 cm
(E) 40 cm

Brechkraft

IMPP-Hit

(17) Eine bikonvexe Linse aus Glas mit dem Brechungsindex n = 1,5 wird in Wasser getaucht.
Im Vergleich zur Brechkraft der Linse in Luft wird die Brechkraft im Wasser …
(A) kleiner
(B) größer
(C) sich nicht ändern
(D) gleich Null
(E) negativ

Wo ist das Bild?

IMPP-Hit

(18) Vor einer Sammellinse der Brennweite f wird im Abstand f ein Gegenstand positioniert. Es entsteht …
(A) keine Abbildung.
(B) ein virtuelles Bild im Unendlichen.
(C) ein reelles Bild im Unendlichen
(D) ein virtuelles Bild im Abstand $b = 2 \cdot f$
(E) ein reelles Bild im Abstand $b = 2 \cdot f$

IMPP-Hit

Sehen im Alter

(19) Zur Korrektur der Presbiopie (Altersweitsichtigkeit) benötigt der Patient …
(A) Mehrstärkengläser
(B) Gläser mit positivem Brechwert
(C) Gläser mit negativem Brechwert
(D) Gläser mit zylindrischen Schliff
(E) Gleitsichtgläser

IMPP-Hit

Größere Bilder

(20) Mit einer Linse der Brechkraft 8 dpt soll ein Objekt 3-fach vergrößert projiziert werden. In welcher Entfernung von der Linse muss das Objekt platziert werden und wo entsteht das Bild?

IMPP-Hit

Lupe

(21) Mit einer Lupe soll ein 2 cm entfernter Gegenstand 4-fach vergrößert werden. Wie muss dazu die Brennweite der Lupe gewählt werden?

IMPP-Hit

Hohlspiegel

(22) Bei einem sphärischen Hohlspiegel befindet sich ein Gegenstand genau in der Mitte zwischen dem Brennpunkt und dem Krümmungsmittelpunkt.
Mit welcher Vergrößerung wird der Gegenstand abgebildet?

IMPP-Hit

Mikroskop

(23) Welche der folgenden Aussagen über das Mikroskop ist richtig?
(A) Das Auflösungsvermögen steigt, wenn die numerische Apertur des Objektivs zunimmt.
(B) Das virtuelle Zwischenbild wird durch das Okular vergrößert projiziert.
(C) Die Vergrößerungen von Objektiv und Okular addieren sich zur Gesamtvergrößerung des Mikroskops.
(D) Die Vergrößerung des Objektivs muss größer sein als die des Okulars. $V_{Objektiv} > V_{Okular}$.
(E) Durch die Bildumkehr jeweils in Objektiv und Okular wird das Untersuchungsobjekt wieder seitenrichtig abgebildet.

7.4 Wellenoptik

Dispersion

(24) Für welche Lichtfarbe erwarten Sie an einer Linse den höchsten Brechungsindex?
(A) blau
(B) violett
(C) orange
(D) rot
(E) grün

Huygens-Prinzip

(25) Das Huygens-Prinzip sagt aus, dass …

(A) Licht zwischen zwei Punkten immer den zeitlich kürzesten Weg zurücklegt.
(B) Licht durch Doppelbrechung in anisotropen Medien polarisiert werden kann.
(C) jeder Punkt eines Wellenfeldes als Ausbreitungszentrum einer Kugelwelle angesehen werden kann.
(D) die Lichtgeschwindigkeit in Materie immer kleiner als im Vakuum ist.
(E) die Temperaturstrahlung eines glühenden Körpers ein kontinuierliches Spektrum aufweist.

Interferenz

(26) Bei der Interferenz zweier Lichtwellen der Wellenlänge $\lambda = 600\,\text{nm}$ ist die größte gegenseitige Schwächung zu erwarten bei einem räumlichen Versatz der Wellenzüge um …

(A) 400 nm
(B) 700 nm
(C) 900 nm
(D) 1100 nm
(E) 1300 nm

Optisches Gitter

(27) Ein optisches Gitter mit 250 Linien/cm wird von monochromatischem Licht unbekannter Wellenlänge beleuchtet. Im Interferenzmuster wird das Maximum 5. Ordnung unter einem Winkel von 4,2° registriert.
Wie groß ist die Wellenlänge des Lichtes?

Polarisation

(28) Licht kann wie alle ________________ Wellen polarisiert werden. Polarisiertes Licht schwingt nur in einer ________________ senkrecht zur Ausbreitungsrichtung. Die Polarisationsrichtung ist die Richtung des ________________ ________________ Feldes.

Licht kann polarisiert werden durch ________________ an kleinen Teilchen, Reflexion an einer ________________ oder Doppelbrechung in optisch ________________ Medien.

Dichroitische Kristalle spalten das ________________ Licht nicht nur in zwei Polarisationsrichtungen auf, sondern schwächen beide Strahlen ________________ ________________ ab.

Aus diesen Materialien lassen sich ________________ herstellen, die nur eine Schwingungsrichtung durchlassen.

Ein in der Analytik verwendetes optisches Instrument ist das Polarimeter. Eine Messküvette befindet sich zwischen zwei ________________ . Der Erste ________________ das Licht. Befindet sich in der Küvette eine ________________ aktive Substanz, dreht sie die ________________ ________________ des Lichtes. Dies wird mit dem zweiten, drehbaren Filter, dem ________________ festgestellt.

7.5 Optische Instrumente

Mikroskope

(29) Ordnen Sie die nachfolgend genannten Mikroskope nach ihrem Auflösungsvermögen.

1. Fluoreszenzmikroskop
2. Rastertunnelelektronenmikroskop
3. Transmissionselektronenmikroskop
4. Rasterelektronenmikroskop
5. Röntgenmikroskop

Richtig ist ...

(A) 4 > 2 > 3 > 1 > 5
(B) 5 > 2 > 3 > 4 > 1
(C) 3 > 2 > 4 > 5 > 1
(D) 2 > 4 > 3 > 1 > 5

Lambert-Beer-Gesetz

(30) Grundlage der Photometrie ist das Gesetz von Lambert-Beer $E = \varepsilon_m \cdot c \cdot d$. Die Konzentration einer Lösung wird bestimmt, indem mit einem Photometer die Schwächung des Lichtes beim Durchgang durch die Lösung gemessen wird.
Der mathematische Zusammenhang zwischen der gemessenen Transmission des Lichtes und der Schichtdicke d der durchstrahlten Lösung ist ...

(A) linear
(B) quadratisch
(C) proportional zur 4. Potenz
(D) logarithmisch
(E) exponentiell

Photometer

IMPP-Hit

(31) Welcher Prozentsatz der eingestrahlten Intensität I_0 wird im Photometer nach dem Durchgang durch die Mess-Küvette detektiert, wenn für die Extinktion ein Wert von 2,0 angezeigt wird?

(A) 2,0 %
(B) 1,0 %
(C) 0,5 %
(D) 0,2 %
(E) 0,1 %

Photometrie

IMPP-Hit

(32) Die gemessene Extinktion einer Farbstofflösung ändert sich, wenn nach dem Nullabgleich des Photometers …

1. ein anderes Lösungsmittel verwendet wird.
2. eine Küvette aus anderem Material verwendet wird.
3. eine Küvette mit anderer Wandstärke verwendet wird.
4. am Photometer eine andere Wellenlänge eingestellt wird.
5. am Photometer der Messbereich umgeschaltet wird.

Richtig sind …

(A) alle Antworten
(B) nur 4
(C) 2, 3 und 4
(D) 2, 4 und 5
(E) 1, 2, 4 und 4

KAPITEL 8 Ionisierende Strahlung

8.1 Wegweiser

Ionisierende Strahlung entsteht bei der radioaktiven Umwandlung wird aber auch in Röntgengeräten und Beschleunigern erzeugt. Wichtige Themen sind

- radioaktives Zerfallsgesetz, Rechen mit Halbwertszeiten und Aktivitäten
- Erzeugung von Röntgenstrahlung, Bremsstrahlung und charakteristischen Strahlung
- Einheiten und Berechnung der Strahlendosis

8.2 Radioaktivität

Radioaktivität

(1) Radioaktivität ist die intrinsische ______________ eines Atomkerns, sich spontan unter Aussendung von ______________ in den eines anderen Elementes umzuwandeln.
Jedes Element hat verschiedene ______________, einige davon sind ______________, andere radioaktiv.
Wann ein radioaktives ______________ zerfällt, lässt sich weder vorhersagen noch durch chemische oder physikalische Bedingungen beeinflussen. Es kann nur statistisch für eine ______________ Lebensdauer des Nuklids angegeben werden. Nach der mittleren Lebensdauer sind noch ______ % der Atome vorhanden, d. h. ______ % sind zerfallen.
Mit der mittleren Lebensdauer hängt die Halbwertszeit $t_{1/2}$ zusammen, nach der die ______________ der ursprünglich vorhandenen Kerne zerfallen ist. Nach einer weiteren ______________ ist von der verbliebenen Hälfte wieder die Hälfte zerfallen usw.
In Nukliden mit einem ______________ wandelt sich ein Neutron in ein Proton und ein Elektron um. Das Elektron wird emittiert.
Bei einem Protonenüberschuss wandelt sich ein Proton in ein ______________ und ein Positron um. Das Positron ist das ______________ des Elektrons.
In schweren Kernen finden sich 2 Protonen und 2 Neutronen zu einem besonders stabilen Gebilde zusammen, dem ______________ . Dieses wird aus dem Kern emittiert, der damit seine ______________ um 4 und seine ______________ um 2 vermindert.
In der Regel befindet sich der neu entstandene Tochterkern in einem ______________ Zustand. Beim Übergang in den ______________ wird diese Anregungsenergie als γ-Strahlung abgegeben

IMPP-Hit

Zerfallsgesetz

(2) Im Gesetz des radioaktiven Zerfalls ist die Zerfallskonstante λ …
(A) die mittlere Lebensdauer eines Nuklids.
(B) der Kehrwert der mittleren Lebensdauer eines Nuklids.
(C) die Halbwertszeit.
(D) der Kehrwert der Halbwertszeit.
(E) der Logarithmus der Halbwertszeit.

IMPP-Hit

Aktivität

(3) Die Aktivität einer radioaktiven Substanz kann angegeben werden in den Einheiten …
1. Curie
2. Becquerel
3. Sievert
4. Gray
5. Röntgen

Richtig sind …
(A) 1, 2 und 3
(B) 3, 4, und 5
(C) 2, 3 und 4
(D) 2 und 5
(E) 1 und 2

IMPP-Hit

Radium

(4) Das von dem Ehepaar Curie entdeckte Element Radium wurde schon früh für therapeutische Zwecke eingesetzt. Seine molare Masse beträgt 226,02 g/mol. Ein Gramm Radium hat eine Aktivität von 37 GBq.
a) Berechnen Sie die mittlere Lebensdauer eines Radiumatoms sowie die Halbwertszeit.
b) Ein radioaktives Präparat enthalte 10 g Radium. Wie viel ist davon nach 15 Monaten noch vorhanden?
c) In welches Nuklid wandelt sich $^{226}_{88}Ra$ um?

IMPP-Hit

Abklingvorgang

(5) Das bei der Positronenemissionstomografie (PET) als Tracer eingesetzte ^{15}O hat eine Halbwertszeit von 2 min. Auf welchen Prozentsatz ist die ursprüngliche Aktivität eines mit ^{15}O markierten Radiopharmakons nach 20 min zurückgegangen?
(A) 10 %
(B) 5 %
(C) 1 %
(D) 0,1 %
(E) 0,01 %

Strahlenarten

IMPP-Hit

(6) Die folgenden Strahlenarten können in elektrischen oder magnetischen Feldern abgelenkt werden:
1. Ionenstrahlen
2. Elektronen
3. Elektron-Positron-Vernichtungsstrahlung
4. Protonen
5. schnelle Neutronen

Richtig sind …
(A) 2, 3, 4 und 5
(B) 1, 2, 3 und 4
(C) 2, 3 und 4
(D) 1, 2 und 4
(E) 1 und 2

Szintigraphie

(7) Für szintigraphische Untersuchungen wird eine Lösung hergestellt, die 2 nmol einer mit ^{99m}Tc markierten Verbindung enthält. Die mittlere Lebensdauer von ^{99m}Tc liegt bei $\tau = 3 \cdot 10^4$ s. Die Aktivität der Lösung beträgt …
(A) 40 GBq
(B) 4 GBq
(C) 3 GBq
(D) 2 GBq
(E) 0,6 GBq

γ-Strahlung

(8) ^{99m}Tc ist ein γ-Strahler. Die γ-Strahlung entsteht durch …
(A) β^--Zerfall
(B) β^+-Zerfall
(C) γ-Zerfall
(D) k-Einfang
(E) Übergang vom Angeregten in den Grundzustand

α-Zerfall

(9) Beim α-Zerfall ändert sich die …
(A) Ordnungszahl um 4
(B) Neutronenzahl um 4
(C) Massenzahl um 2
(D) Kernladungszahl um 2
(E) Nukleonenzahl um 2

Effektive Halbwertszeit

(10) Die effektive Halbwertszeit $t_{1/2eff}$ ist …
(A) der Mittelwert aus physikalischer und biologischer Halbwertszeit.
(B) kleiner als die biologische und größer als die physikalische Halbwertszeit.
(C) kleiner als die physikalische und größer als die biologische Halbwertszeit.
(D) größer als die physikalische und größer als die biologische Halbwertszeit.
(E) kleiner als die physikalische und kleiner als die biologische Halbwertszeit.

β-Zerfall

(11) Beim β^--Zerfall ändert sich die Massenzahl um …
(A) +2
(B) +1
(C) 0
(D) −1
(E) −2

Das dritte Teilchen

(12) Beim β^--Zerfall verlassen 2 Teilchen den Kern:
(A) ein Elektron und ein Neutron.
(B) ein Elektron und ein Neutrino.
(C) ein Elektron und ein Positron.
(D) ein Elektron und ein Antineutrino.
(E) ein Positron und ein Antineutrino.

Wo beginnt es nicht?

(13) Welches der genannten Nuklide bildet nicht den Anfang einer der radioaktiven Zerfallsreihen?
(A) ${}^{232}_{90}Th$
(B) ${}^{238}_{92}U$
(C) ${}^{235}_{92}U$
(D) ${}^{237}_{93}Np$
(E) ${}^{239}_{94}Pu$

IMPP-Hit

Zerfallsreihen

(14) Welche der Aussagen zu den radioaktiven Zerfallsreihen ist nicht zutreffend?
(A) Die natürlichen Zerfallsreihen beginnen bei sehr langlebigen Nukliden.
(B) Alle Zerfallsreihen beginnen mit einen α-Zerfall.
(C) Die Thorium-Reihe ist die kürzeste der Zerfallsreihen.
(D) Es werden nur noch 3 der 4 möglichen Zerfallsreihen in der Natur beobachtet.
(E) Alle Zerfallsreihen enden bei dem Element Blei.

8.3 Röntgenstrahlung

Erzeugung von Röntgenstrahlung

IMPP-Hit

(15) Röntgenstrahlung kann erzeugt werden beim Abbremsen von …
1. Elektronen
2. Protonen
3. Neutronen
4. α-Teilchen
5. Photonen

Richtig sind …
(A) nur 1
(B) 1 und 2
(C) 1, 2 und 3
(D) 1, 2 und 4
(E) 1, 2 und 5

Grenzwellenlänge

IMPP-Hit

(16) Eine Röntgenröhre wird mit der Spannung U betrieben. Die minimale Wellenlänge der erzeugten Röntgenstrahlung ist …

(A) $\lambda_{min} = \frac{h \cdot e}{c \cdot U}$

(B) $\lambda_{min} = \frac{h \cdot U}{e \cdot c}$

(C) $\lambda_{min} = \frac{h \cdot c}{e \cdot U}$

(D) $\lambda_{min} = \frac{e \cdot U}{h \cdot c}$

(E) $\lambda_{min} = \frac{U \cdot c}{h \cdot e}$

Röntgendiagnostik

IMPP-Hit

(17) Welche der genannten Röntgenstrahlungen würden Sie für die Röntgendiagnostik einsetzen?
(A) 10 keV
(B) 25 keV
(C) 120 keV
(D) 1,5 MeV
(E) 10 MeV

Anodenstrom

IMPP-Hit

(18) Bei einer Röntgenröhre wird der Anodenstrom erhöht.
(A) Die maximale Energie der Röntgenstrahlung steigt.
(B) Die minimale Wellenlänge der Röntgenstrahlung wird größer.
(C) Die Linien der charakteristischen Röntgenstrahlung verschieben sich.
(D) Die Röntgenstrahlung wird härter.
(E) Die Dosisleistung der Röntgenröhre steigt.

IMPP-Hit

Charakteristische Röntgenstrahlung

(19) Die charakteristische Röntgenstrahlung ist charakteristisch für …
(A) die Form der Anode.
(B) das Material der Anode.
(C) das Material der Kathode.
(D) das Abschirmmaterial des Gehäuses der Röntgenröhre.
(E) das Restgas in der Röntgenröhre.

IMPP-Hit

Anodenmaterial

(20) Welches der genannten Materialen eignet sich am besten für die Anode einer Röntgenröhre.
(A) Aluminium
(B) Kupfer
(C) Eisen
(D) Titan
(E) Wolfram

8.4 Nachweis ionisierender Strahlung

IMPP-Hit

Dosimetrie

(21) Ionisierende Strahlung wird mit folgenden Messgeräten nachgewiesen:
1. Hall-Sonde
2. Pitot-Rohr
3. Geiger-Müller-Zählrohr
4. Szintillationszähler
5. Ionisationskammer

Richtig sind …
(A) alle Antworten
(B) 2, 3, 4, und 5
(C) 2, 3 und 4
(D) 2, 4 und 5
(E) 3, 4 und 5

IMPP-Hit

Dosisbegriffe

(22) Welche der genannten sind medizinische oder physikalische Dosisbegriffe?
1. Energiedosis
2. Äquivalentdosis
3. Ionendosis
4. Effektive Dosis
5. Organdosis

Richtig sind …
(A) alle Antworten
(B) 1, 2, 3 und 4
(C) 1, 2, 3 und 5
(D) 1, 2 und 3
(E) 1 und 2

Qualitätsfaktoren der Äquivalentdosis

(23) Die einzelnen Arten ionisierender Strahlung unterscheiden sich in ihrer Wirkung auf biologische Organismen. Die gleiche Energiedosis führt zu unterschiedlichem Ausmaß an Schäden im Organismus. Zur Beurteilung des Strahlenrisikos wird die Äquivalentdosis $H = q \cdot D$ eingeführt. Für jede Strahlenart wurde ein dimensionsloser Qualitätsfaktor q festgelegt.

IMPP-Hit

Welche Qualitätsfaktoren haben die genannten Strahlenarten?

Strahlenart	q
Elektronen	
Positronen	
Neutronen	
25 keV Röntgenstrahlung	
charakteristische Röntgenstrahlung	
γ-Strahlung	
α-Strahlung	
15 MeV-Röntgenstrahlung	

Abstandsgesetz

(24) Ein Geiger-Müller-Zähler liefert 0,8 m von einem radioaktiven Präparat entfernt eine Impulsrate von 675 Impulsen pro Minute.

IMPP-Hit

Welche Impulsrate registriert das Gerät in einer Entfernung von 2,40 m?

(A) 45 min^{-1}
(B) 75 min^{-1}
(C) 90 min^{-1}
(D) 125 min^{-1}
(E) 225 min^{-1}

Natürliche Strahlenbelastung

(25) Die mittlere natürliche Strahlenbelastung in Deutschland beträgt pro Jahr …

IMPP-Hit

(A) 20 μSv
(B) 0,1 mSv
(C) 2 mSv
(D) 20 mSv
(E) 0,8 Sv

Medizinische Strahlexposition

(26) Der Grenzwert für die jährliche medizinische Strahlexposition eines Patienten beträgt …

IMPP-Hit

(A) 2 mSv
(B) 20 mSv
(C) 50 mSv
(D) 400 mSv
(E) Es existiert kein Grenzwert.

IMPP-Hit

Ionisationskammer

(27) An einer Ionisationskammer wird ein Strom von I = 15 μA gemessen. Das Volumen der Kammer beträgt 200 cm^3, die Dichte der Luft 1,2 kg/m^3 und die Ionisationskonstante der Luft 33,97 J/C.
Wie groß sind die gemessene Ionendosisrate und Energiedosisrate?

IMPP-Hit

Nichtthermische Wirkung

(28) Bei einem Strahlenunfall erhält eine Person durch eine einmalige Bestrahlung eine Gesamtkörperdosis von 10 Gy. Diese Dosis ist mit Sicherheit letal. Um welchen Temperatur ΔT hat sich die Körpertemperatur durch die Bestrahlung erhöht?

IMPP-Hit

Dosisberechnung

(29) ^{133}J wird als eines der Spaltprodukte in Kernreaktoren erzeugt. In der Medizin wird es zur Radiojodtherapie eingesetzt, denn das vom Körper aufgenommene Jod wird zum größten Teil in der Schulddrüse deponiert.
^{131}J wandelt sich in einem β^--Zerfall mit einer physikalischen Halbwertszeit von 8,02 Tagen in ^{131}Xe um. Seine biologische Halbwertszeit liegt bei 30 Tagen.
Beim Zerfall entsteht 606 keV β-Strahlung und 364 keV γ-Strahlung.
Bei Reaktorunfällen wird ^{131}J freigesetzt, so auch seinerzeit bei dem Unfall von Tschernobyl. Durch den Fallout fanden radioaktive Nuklide auch in Deutschland Eingang in die Nahrungskette. Die Strahlenschutzkommission hatte damals einen Grenzwert von 500 Bq/l für jodbelastete Mich festgelegt.
Welche Strahlendosis erhält die Schilddrüse eines Menschen, der einen Liter Milch mit der ^{131}J-Aktivität von 500 Bq verzehrt?
Vernachlässigen Sie bei der Berechnung die biologische Ausscheidung des Jods und gehen Sie davon aus, dass die β-Strahlung vollkommen innerhalb der Schilddrüse absorbiert wird, während die γ-Strahlung wegen ihrer großen Reichweite dort keine Ionisation verursacht. Die Masse der Schilddrüse beträgt im Mittel etwa 40 g.

8.5 Strahlenwirkung

IMPP-Hit

Photonenstrahlung

(30) Wird ein Photon an einem Elektron gestreut, …
(A) verliert das Photon keine Energie.
(B) ändert das Photon seine Geschwindigkeit.
(C) erhöht sich die Frequenz des Photons.
(D) vermindert sich die Wellenlänge des Photons.
(E) erhöht sich die Wellenlänge des Photons.

Wechselwirkungen

IMPP-Hit

(31) Bei der Diagnostik mit 120 keV-Röntgenstrahlung ist die dominierende Wechselwirkung der Strahlung mit Materie …

(A) der Photoeffekt
(B) der Compton-Effekt
(C) Anregung
(D) Paarbildung
(E) alle genannten Effekte treten mit gleicher Wahrscheinlichkeit auf

Filterung

IMPP-Hit

(32) In der Röntgendiagnostik befindet sich im Strahlengang ein Filter aus Aluminium oder Kupfer, um …

(A) die Dosisrate zu reduzieren, damit die minimal notwendige Belichtungszeit nicht unterschritten wird.
(B) hochenergetische Strahlungsanteile abzuschirmen.
(C) niederenergetische Strahlungsanteile abzuschirmen.
(D) durch Streuung das Nutzstrahlenbündel aufzufächern.
(E) den Nutzstrahl auf das Belichtungsfeld einzublenden.

Energieabhängigkeit

IMPP-Hit

(33) Die Halbwertsschichtdicke von Blei beträgt für 200 keV γ-Strahlung 0,68 mm. Für 500 keV γ-Strahlung ist die Halbwertsschichtdicke …

(A) 0,17 mm
(B) 0,27 mm
(C) 0,54 mm
(D) 0,68 mm
(E) 4,2 mm

Schichtdicken

IMPP-Hit

(34) Die Halbwertsschichtdicke von Kupfer beträgt für 200 keV γ-Strahlung 5,3 mm. Eine Kupferplatte mit einer Dicke von 12 mm reduziert die Dosisrate der Strahlung auf …

(A) 37 %
(B) 30 %
(C) 25 %
(D) 21 %
(E) 12 %

Absorptionseigenschaften

IMPP-Hit

(35) Die Absorption von 100 keV Röntgenstrahlung wird gemessen. Ohne Absorber registriert ein Zählrohr 1250 Impulse/min. Nachdem ein Aluminiumblock mit der Dicke von 50 mm in den Strahlengang gebracht wurde, fällt die Impulsrate auf 128 min^{-1}. Ermitteln Sie aus diesen Werten die Halbwertsschichtdicke, den linearen Schwächungskoeffizienten und den Massenschwächungskoeffizienten von Aluminium ($\rho_{Al} = 2{,}7\ g/cm^3$).

KAPITEL

1 Grundbegriffe des Messens und der quantitativen Beschreibung

Das internationale Einheitensystem (SI)

(1)

Größe	Einheit	Abk.
Länge	Meter	m
Masse	Kilogramm	kg
Zeit	Sekunde	s
elektrische Stromstärke	Ampere	A
Temperatur	Kelvin	K
Stoffmenge	Mol	M
Lichtstärke	Candela	Cd

Abgeleitete Einheiten

(2) Alle Einheiten lassen sich durch die Basiseinheiten des internationalen Einheitensystems ausdrücken. Allerdings ist der Weg dahin nicht immer einfach oder sofort ersichtlich.

Wir beginnen mit dem Lösungshinweis und betrachten zunächst die elektrische Feldstärke.

Diese können wir definieren durch die auf eine Ladung ausgeübte Kraft.

$$E = \frac{F}{q}$$

Wir erhalten für die Feldstärke die Einheit N/C.

In einem Plattenkondensator mit dem Plattenabstand d ist die Feldstärke

$$E = \frac{U}{d}$$

Hier erhalten wir für die Feldstärke die Einheit V/m.

Es ist also 1 N/C = 1 V/m. Damit können wir das Volt ausdrücken als

$$1V = 1\frac{Nm}{C}$$

Nun ersetzen wir die Einheit Coulomb durch C = As und das Newton durch N = kg m s^{-2} und erhalten

$$1V = 1\frac{kg\,m^2}{A\,s^3}$$

Dezimale Vielfache

(3)

Vorsilbe	Zehnerpotenz
Femto	10^{-15}
Pico	10^{-12}
Nano	10^{-9}
Mikro	10^{-6}
Milli	10^{-3}
Centi	10^{-2}
Dezi	10^{-1}
Hekto	10^{2}
Kilo	10^{3}
Mega	10^{6}
Giga	10^{9}
Tera	10^{12}

Dezimale Vielfache-Umrechnung

(4) Bei vielen Fragestellungen benötigen wir den Umfang und die Fläche eines Kreises:

$$U = 2\pi r$$

$$A = \pi r^2$$

oder die Oberfläche und das Volumen einer Kugel:

$$O = 4\pi r^2$$

$$V = \frac{4}{3}\pi r^3$$

Der Wassertropfen hat einen Radius von 2 mm, damit erhalten wir:

$$U = 4\pi\,mm$$

$$A = 4\pi\,mm^2$$

$$O = 16\pi\,mm^2$$

$$V = \frac{32}{3}\pi\,mm^3$$

Diese Werte müssen nun in die angegebenen Einheiten umgerechnet werden:

	Richtig	Falsch	Richtige Antwort
$U = 2\pi 10^{-1}\,cm$		✗	$U = 4\pi 10^{-1}\,cm$
$A = 4\pi 10^{-3}\,m^2$		✗	$A = 4\pi 10^{-6}\,m^2$
$O = 8\pi 10^{-2}\,cm^2$		✗	$O = 16\pi 10^{-2}\,cm^2$
$V = \frac{32}{3}\pi 10^{-6}\,L$	✓		
$U = 4\pi 10^{-3}\,m$	✓		
$O = 0{,}016\pi\,cm^2$	✓		
$A = 40000\pi\,\mu m^2$	✓		
$V = \frac{32}{3}\pi 10^{-8}\,m^3$		✗	$V = \frac{32}{3}\pi 10^{-9}\,m^3$
$V = \frac{16}{3}\pi 10^{-3}\,cm^3$		✗	$V = \frac{32}{3}\pi 10^{-3}\,cm^3$

Skalare und Vektoren

(5)

Größe	Skalar	Vektor
Temperatur	✓	
Dichte	✓	
Geschwindigkeit		✓
Drehimpuls		✓
Energie	✓	
Kraft		✓
elektrische Feldstärke		✓
Masse	✓	
Drehmoment		✓
Volumen	✓	
Fläche	✓	✓

Skalare sind durch die Angabe einer Zahl und einer Einheit vollständig beschrieben. In der Regel beschreiben Skalare Eigenschaften eines Objektes, seine Masse, Dichte, Härte, Temperatur etc.
Bei Vektoren ist noch die Angabe einer Richtung notwendig. Dies gilt bei Bewegungen, Kräften und Feldern.
Die Frage nach der Fläche ist hier nicht eindeutig zu beantworten. Interessiert beispielsweise die Fläche eines Büroraums, ist durch die Angabe einer Zahl und ihrer Einheit die Frage vollständig beantwortet. Die Fläche kann hier als Skalar angesehen werden.
Oft interessiert aber die Orientierung einer Fläche im Raum. Hier wird der Fläche ein Vektor zugeordnet, ihr Normalenvektor. Er steht senkrecht auf der Fläche und die Maßzahl seiner Länge entspricht dem Flächeninhalt. In diesem Fall wird die Fläche als vektorielle Größe betrachtet. Ein Beispiel ist der magnetische Fluss, er ist das Skalarprodukt aus der Fläche und der magnetischen Flussdichte.

$$\Phi = \vec{A} \cdot \vec{B}$$

Skalare Größen

(6) Antwort C

Größen und Einheiten

(7) Antwort C
Deshalb benennt man in Diagrammen die Achsen durch den Quotienten aus einer Größe und ihrer Einheit. An den Skalen stehen somit nur reine Zahlen.

Betrag von Vektoren

(8) Antwort E
Der Betrag eines Vektors gibt eine Maßzahl für die Länge des Vektors an. Er errechnet sich als die Wurzel aus der Summe der Quadrate der Komponenten des Vektors.

Abgeleitete Einheiten

(9) Antwort B

Der Friedhof der Physiker

(10)

								7 F					11 P			
		3 C						A		8 T		10 C	A			
1 W		U		4 J		5 A		R		E		O	S			
A	2 G	R		O		M	6 S	A		S		U	C			12 N
T	R	I	K	U	S	P	I	D	A	L	9 K	L	A	P	P	E
T	A	E		L		E	E			A	E	O	L			W
	Y			E		R	V				L	M				T
						E	E				V	B				O
							R				I					N
							T				N					

Messfehler

(11)

	Richtig	Falsch
Der systematische Fehler beträgt 0,2 V.		✗
Angegeben ist der absolute Fehler.	✓	
Der Fehler beträgt 20 %.		✗
Der relative Fehler beträgt 2,5 %.	✓	
Bei erneuter Messung liegen alle Werte zwischen 7,8 V und 8,2 V.		✗

Als Fehlertoleranz wird der statistische (zufällige) Fehler angegeben. Er beträgt hier absolut 0,2 V und relativ 2,5 %. Als Fehler wird in der Regel die Standardabweichung einer Messreihe angegeben. Dann liegen 68 % aller Werte im Intervall Mittelwert ± Standardabweichung.

Fehlerfortpflanzung

(12) Antwort B

Die Leistung beträgt $P = U \cdot I = 1000$ W. Die relativen Fehler der Spannungsmessung von 2 % und der Strommessung von 1 % addieren sich:
3 % von 1000 W = 30 W = 0,03 kW.

Statistik

(13)

	Richtig	Falsch
Beide Reihen haben den gleichen Mittelwert.		✗
Beide Reihen haben den gleichen absoluten Fehler.	✓	
Beide Reihen haben den gleichen relativen Fehler.		✗
Die Standardabweichung von A beträgt 3,8 cm.	✓	
Die Standardabweichung von B beträgt 4,2 cm.		✗
Der relative Fehler von A beträgt 4,75 %.		✗
Der relative Fehler von B beträgt 4,75 %.	✓	
Messung B ist genauer als Messung A.	✓	

Der relative Fehler von A liegt bei 7,6 %. Unter „Genauigkeit" können wir den relativen Fehler verstehen. So ist es beispielsweise ein Präzisionsunterschied, ob Sie eine Strecke von 2 km oder von nur 0,5 m mit einem Fehler von 1 cm bestimmen können.

Normalverteilung

(14) Antwort B

Im Konfidenzintervall Mittelwert ± 2-fache Standardabweichung liegen 95 % aller Werte. Die Normalverteilung ist symmetrisch. Somit wiegen 2,5 % der Neugeborenen weniger als 2900 g und 2,5 % mehr als 3900 g.

Fehler

(15) Keine Größe kann beliebig genau bestimmt werden. Es treten immer Fehler auf. Es wird zwischen systematischen und zufälligen Fehlern unterschieden. Systematische Fehler können korrigiert werden, wenn Ihre Entstehung bekannt ist. Zufällige Fehler können mit statistischen Methoden abgeschätzt werden.

Zufällige Einflüsse führen in der Regel zu einer Normalverteilung der Werte. Es entsteht die typische Gauß'sche Glockenkurve. Sie ist symmetrisch um einen Mittelwert μ.

Der Abstand der Wendepunkte vom Mittelwert ist die Standardabweichung σ. In den Konfidenzintervallen $[\sigma \pm \mu]$, $[\sigma \pm 2\mu]$ und $[\sigma \pm 3\ \mu]$ liegen rund 68 %, 95 % bzw. 99 % aller Werte.

Vektorprodukt

(16) Antwort D

Beim Vektorprodukt $\vec{c} = \vec{a} \times \vec{b}$ steht der Vektor $\vec{c}$ senkrecht auf $\vec{a}$ und $\vec{b}$. Die Richtung von $\vec{c}$ ist die Richtung, in die sich eine Schraube mit Rechtsgewinde bewegen würde, wenn der Vektor $\vec{a}$ auf den Vektor $\vec{b}$ gedreht wird.

Differenzielle Größen

(17)

	Richtig	Falsch
Der Differenzialquotient gibt die Steigung einer Funktion an.	✓	
Die Beschleunigung ist der Differenzialquotient aus Geschwindigkeit und Zeit.	✓	
Der Differenzialquotient wird auch als Ableitung bezeichnet.	✓	
Ableitungen nach der Zeit werden auch durch einen Punkt gekennzeichnet.	✓	
Der Differenzialquotient gibt die Krümmung einer Funktion an.		✗
Die Arbeit ist definiert als der Differenzialquotient aus Kraft und Weg.		✗

Unter dem Differenzialquotienten versteht man im Allgemeinen die erste Ableitung. Die Krümmung einer Funktion wird durch die zweite Ableitung beschrieben.

Die Arbeit ist definiert als das Integral der Kraft entlang des Weges.

Winkelfunktionen

(18)

α/°	0	30	45	60	90	120	135	150	180
α/rad	0	$\pi/6$	$\pi/4$	$\pi/3$	$\pi/2$	$2\pi/3$	$3\pi/4$	$5\pi/6$	π
sin(α)	0	1/2	$1/2\sqrt{2}$	$1/2\sqrt{3}$	1	$1/2\sqrt{3}$	$1/2\sqrt{2}$	1/2	0
cos(α)	1	$1/2\sqrt{3}$	$1/2\sqrt{2}$	1/2	0	−1/2	$-1/2\sqrt{2}$	$-1/2\sqrt{3}$	−1

Linearisierung der Darstellung

(19)

1. Möglichkeit:

Sie tragen die Werte für I/I_0 auf der Ordinate auf und auf der Abszisse die errechneten Werte für $1/r^2$.

2. Möglichkeit:

Sie verwenden auf beiden Koordinatenachsen eine logarithmische Teilung, z. B. doppel-logarithmisches Papier.

Aus $\frac{I}{I_0} = \frac{1}{r^2}$ wird durch Logarithmieren

$log\left(\frac{I}{I_0}\right) = log\left(\frac{1}{r^2}\right)$ und dies ist $log\left(\frac{I}{I_0}\right) = 2\ log(r)$

Sie erhalten also eine Gerade. Die Steigung entspricht dem Exponenten im Abstandsgesetz.

Logarithmische Darstellung

(20) Bei der *halblogarithmischen Darstellung* – auch *einfach logarithmisch* genannt – ist die Ordinate logarithmisch geteilt. Somit wird aus einer Exponentialfunktion eine Gerade, Beispiele sind Absorptions- oder Zerfallsprozesse sowie Reaktionskinetiken.

Die *doppellogarithmische Darstellung* – kurz: *logarithmisch* – eignet sich gut für Potenzfunktionen. Die Steigung der erhaltenen Geraden gibt die Potenz an.

Die doppellogarithmische Darstellung wird auch gewählt, wenn der Bereich beider Größen mehrerer Zehnerpotenzen überspannt. Beispiel hierfür ist in der Akustik die *Hörkurve.*

Papierarten

(21)

	A	B	C
Dehnung einer Feder			✓
Schwächung radioaktiver Strahlung		✓	✓
Strömungswiderstand einer Kapillare abhängig vom Radius	✓		✓
Kennlinie eines ohmschen Widerstands			✓
Strahlungsleistung abhängig von der Temperatur	✓		✓
Entladung eines Kondensators		✓	✓
Hörkurve	✓		

Halblogarithmisches Papier macht aus einer Exponentialfunktion eine Gerade, doppellogarithmisches Papier aus einer Potenzfunktion. Natürlich können Sie die Daten immer auch auf linear geteilten Achsen auftragen. Nur erhalten Sie dann eben keine Gerade.

KAPITEL 2 Mechanik

Beschleunigte Bewegung

(1) Antwort C

In 5 Sekunden legt er die Strecke

$s=\frac{1}{2}\cdot 4\frac{m}{s^2}\cdot(5s)^2=50\,m$ zurück, in 4 Sekunden 32 m.

Die Differenz legt er in der 5. Sekunde zurück.

Gleichförmige Bewegung

(2) Antwort B

50 km/h entsprechen ungefähr 14 m/s. Genau sind es

$$v=\frac{50\frac{km}{h}}{3600\frac{s}{h}}=\frac{50}{3{,}6}\frac{m}{s}=13{,}89\frac{m}{s}$$

Freier Fall

(3) Antwort B

$$t=\sqrt{\frac{2\,h}{g}}$$

Oft lässt sich sehr gut ein Ergebnis abschätzen, wenn für die Erdbeschleunigung näherungsweise g = 10,0 m/s² angenommen wird. So erhält man die Lösung t = 20 s. Die exakte Rechnung mit g = 9,81 m/s² ergibt t = 20,19 s.

Weg-Zeit-Diagramme

(4) Antwort E

Das Weg-Zeit-Diagramm einer beschleunigten Bewegung ist eine Parabel. Während des Falls nimmt die Höhe ab, die Parabel ist also nach unten geöffnet. In (c) liegt der Bezugspunkt, d. h. der Nullpunkt der Ordinate, in Höhe des Erdbodens, in (e) liegt er in Höhe der Turmspitze.

Bewegung in Zeit und Raum

(5) Sie treffen sich um 10:02:44 Uhr.

Wir können die Bewegungsgleichung aufstellen

$$10\frac{km}{h}\cdot t+12\frac{km}{h}\cdot(t-0{,}25\,h)=20\,km$$

Daraus ergibt sich t = 1,045 h, dies entspricht 1 h 02 min 44 s.

Man könnte auch anders vorgehen:

Bis 9:15 Uhr hat der erste Radfahrer eine Strecke von 2,5 km zurückgelegt. Es verbleiben noch 17,5 km, die beide Radfahrer zusammen mit der Geschwindigkeit von 22 km/h zurücklegen. Dazu brauchen sie noch 0,7945 h = 47 min 44 s.

Beschleunigte Bewegung

(6) Wir verwenden die Formel $s=\frac{v^2}{2a}$

Diese Formel beinhaltet aber keine Anfangsgeschwindigkeit, sie gilt nur für eine Beschleunigung aus dem Stand oder für ein Abbremsen bis zum Stillstand. Wenn wir den Weg berechnen, den das Fahrzeug benötigt, um von 0 auf 72 km/h und von 0 auf 108 km/h zu beschleunigen, ist die Differenz beider Werte die in der Aufgabenstellung angegebene Strecke.

$$\Delta s=\frac{v_2^2}{2a}-\frac{v_1^2}{2a}$$

$$a=\frac{\left(30\frac{m}{s}\right)^2-\left(20\frac{m}{s}\right)^2}{2\cdot 500\,m}=0{,}5\frac{m}{s^2}$$

Translation

(7)

a) $a=-2{,}5\,m/s^2$ $t=6\,s$

b)

t_0 =	0 s	x_0 =	0 m	v_0 =	0 m/s
t_1 =	10 s	x_1 =	100 m	v_1 =	20 m/s
t_2 =	25 s	x_2 =	400 m	v_2 =	20 m/s
t_3 =	30 s	x_3 =	450 m	v_3 =	0 m/s
t_4 =	40 s	x_4 =	375 m	v_4 =	– 15 m/s
t_5 =	62 s	x_5 =	45 m	v_5 =	– 15 m/s
t_6 =	68 s	x_6 =	0 m	v_6 =	0 m/s

c)

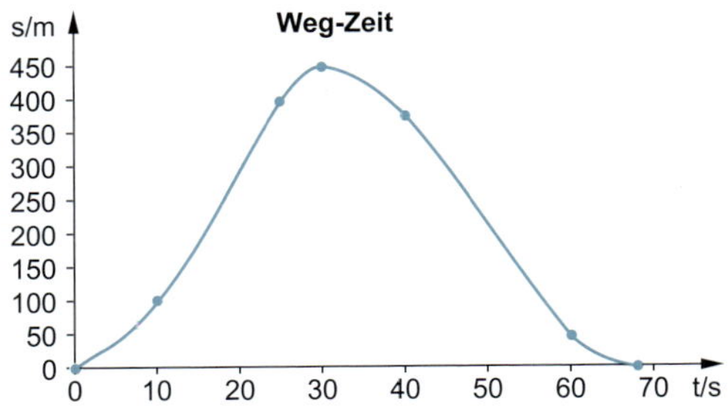

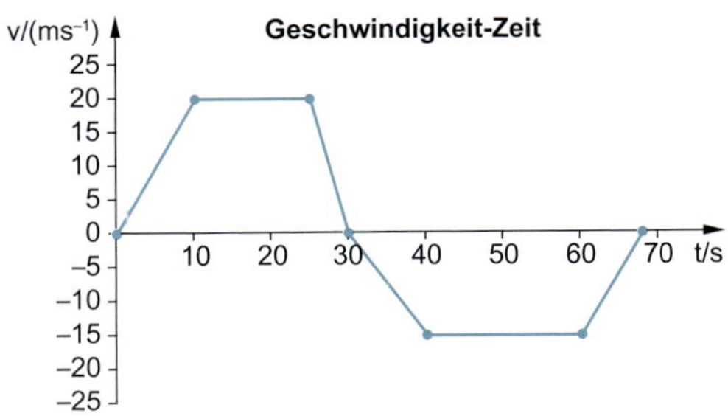

Gravitation

(8) Antwort E

Wir müssen das Gravitationsgesetz anwenden:

$$F = \gamma \frac{m M}{r^2}$$

Für ein Objekt auf der Erdoberfläche ist der Abstand der Erdradius r_e = 6370 km. Für den Satellit ist er r_e + 2600 km = 8970 km. Das Verhältnis der Abstände beträgt $\approx \sqrt{2}$. Wegen der Proportionalität zu $1/r^2$ nimmt die Kraft um den Faktor 2 ab.

Masse und Gewicht

(9) Antwort E

Die Begriffe Masse und Gewicht werden im Alltag gerne als Synonyme verwendet. Das ist aber nicht richtig. Wir müssten anstelle des Körpergewichts von der Körpermasse sprechen. Die Masse ist eine Eigenschaft Ihres Körpers und je nachdem, ob Sie sich auf der Erde, dem Mond oder in der Schwerelosigkeit des Weltraums befinden, resultiert daraus ein anderes Gewicht.

Kräfte

(10) Antwort C

Ohne Richtungsinformation kann die Gesamtkraft nicht ermittelt werden. Es sind alle Werte von 0 bis 600 N möglich.

Kräfte

(11) Wir führen ein geeignetes Koordinatensystem ein und zerlegen die Kräfte in ihre Komponenten. F_1 sei parallel zur x-Achse, dann ist F_{1x} = 1500N und F_{1y} = 0.

$$F_{2x} = 1000\ N \cdot \cos 30° = 1000\ N \cdot \frac{1}{2}\sqrt{3} = 866\ N$$

$$F_{2y} = 1000\ N \cdot \sin 30° = 1000\ N \cdot \frac{1}{2} = 500\ N$$

Wir addieren die jeweiligen Komponenten und erhalten die Gesamtkraft.

$$F_{ges} = \sqrt{(2366\ N)^2 + (500\ N)^2} = 2418\ N$$

Der Winkel gegenüber der x-Achse beträgt:

$$\alpha = arctan\left(\frac{500\ N}{2366\ N}\right) = 11{,}9°$$

Auftrieb – Richtig oder falsch?

(12) Die Auftriebskraft …

	Richtig	Falsch
… ist proportional dem Volumen des verdrängten Mediums.	✓	
… ist gleich dem Volumen des verdrängten Mediums.		✗
… ist gleich der Gewichtskraft des verdrängten Mediums.	✓	
… ist proportional der Dichte des verdrängten Mediums.	✓	
… ist in Gasen nicht existent.		✗
… hängt von der Form des eingetauchten Körpers ab.		✗
… hängt in der Atmosphäre von der Höhe ab.	✓	
… nimmt im Wasser mit steigender Wassertiefe linear zu.		✗
… nimmt im Wasser mit steigender Wassertiefe exponentiell zu.		✗
… ist bei einem an der Wasseroberfläche schwimmenden Körper größer als die Gewichtskraft des Körpers.		✗

Auftrieb – Rechenaufgabe

(13) Die Waage zeigt eine „reduzierte Masse" an, da die Gewichtskraft des Werkstücks um die Auftriebskraft reduziert wird.

$$m_{red} = \rho_{Al} \cdot V - \rho_{Wasser} \cdot V$$

Das Volumen des Werkstücks ist:

$$V = \frac{m_{red}}{\rho_{Al} - \rho_{Wasser}} = \frac{2000\ g}{2{,}7\frac{g}{cm^3} - 1{,}0\frac{g}{cm^3}} = 1176{,}5\ cm^3$$

Nach Ablassen des Wassers wird die korrekte Masse angezeigt:

$$m = \rho_{Al} \cdot V = 2{,}7\frac{g}{cm^3} \cdot 1176{,}5\ cm^3 = 3{,}18\ kg$$

Schiefe Ebene

(14) Antwort C

Die Masse rutscht, es ist also die Gleitreibungszahl zu verwenden: $F_r = \mu_{gl} \cdot F_N$

An der schiefen Ebene ist die Normalkraft $F_N = m \cdot g \cdot \cos\alpha$. Somit ist

$$F_r = 0{,}7 \cdot 981\ N \cdot \cos 30° = 0{,}7 \cdot 981\ N \cdot \frac{1}{2}\sqrt{3}$$
$$= 0{,}7 \cdot 981\ N \cdot 0{,}866$$

Newtons Gedanken …

(15) Ohne Einfluss einer äußeren Kraft ändert ein Körper seinen Bewegungszustand nicht. Er setzt seine gleichförmige Bewegung fort, oder er verbleibt in Ruhe. Wirkt eine Kraft, erfährt der Körper eine Beschleunigung. Der Proportionalitätsfaktor zwischen Kraft und Beschleunigung ist die Masse des Körpers. Zu jeder Kraft wirkt eine gleichgroße Gegenkraft: actio = reactio.

Arbeit

(16) Antwort A

Die Arbeit ist das Produkt von Kraft und Weg. Sie leisten keine Arbeit an der Hantel, da sich diese nicht bewegt und sich ihre potenzielle Energie nicht ändert. Natürlich verbraucht Ihre Muskulatur Energie, um die Haltekraft zu erzeugen. Dies wird hier jedoch nicht berücksichtigt.

Arbeit & Leistung

(17) Antwort A

Beim Aufstieg erbringt der Wanderer die Arbeit von W = 1,6 MJ mit einer Leistung von P = 222 W. Beim Abstieg nimmt seine potenzielle Energie ab, die Arbeit wird wieder frei. Unten angekommen ist $W_{ges} = 0$ und daher auch $P_{ges} = 0$.

Leistung

(18) Antwort D

Die Leistung ist $P = \frac{\Delta W}{\Delta t} = \frac{\Delta(F \cdot s)}{\Delta t} = \frac{F \cdot \Delta s}{\Delta t} = F \cdot v$

Es ist also $v = \frac{P}{F} = \frac{150\ \frac{Nm}{s}}{30\ N} = 5\frac{m}{s} = 18\frac{km}{h}$

Kinetische Energie

(19) Sie müssen die die kinetische Energie hier nicht ausrechnen. Bei der Geschwindigkeit 100 km/h hat der Pkw die Energie W_1. Da kinetische Energie proportional zum Quadrat der Geschwindigkeit ist, hat der Pkw bei 150 km/h die Energie $1{,}5^2\ W_1 = 2{,}25\ W_1$. Somit wird beim ersten Bremsvorgang die Energie 1,25 W_1 in Wärme umgesetzt, beim zweiten die Energie 1 W_1. Das Verhältnis ist 1,25 : 1.

Isaac experimentiert

(20) Die Aufgabe kann gelöst werden, obwohl die Masse der Kugeln nicht bekannt ist.

a) Zunächst berechnen wir die Zeit, die die Kugel K_1 für den freien Fall bis zum Boden braucht:

$$t_1 = \sqrt{\frac{2\ h}{g}} = 4{,}515\ s$$

K_2 hat eine Sekunde weniger zur Verfügung:

$$t_2 = t_1 - 1s = 3{,}515\ s$$

Sie führt eine beschleunigte Bewegung mit der Anfangsgeschwindigkeit v_0 aus:

$$h = \frac{1}{2} g \cdot t^2 + v_0 \cdot t$$

Einsetzen der Zeit t_2 und Auflösen nach v_0 ergibt:

$$v_0 = \frac{h - \frac{1}{2} g \cdot t^2}{t} = 11{,}21 \frac{m}{s}$$

b) Wir betrachten die Energien beim Abwurf vom Turm. K_1 hat nur potenzielle Energie, K_2 zusätzlich noch kinetische Energie durch die Anfangsgeschwindigkeit v_0:

$$m_1 \cdot g \cdot h = m_2 \cdot g \cdot h + \frac{1}{2} m_2 \cdot v_0^2$$

Dies lässt sich umstellen zu:

$$m_1 = m_2 \left(1 + \frac{v_0^2}{2\,g\,h}\right)$$

Und wir erhalten m_1 = **1,064** m_2
Alternativ hätten wir auch die Geschwindigkeiten beim Aufprall auf dem Boden berechnen können und das Verhältnis der kinetischen Energien bilden können. Dies hätte zum gleichen Ergebnis geführt. Beim Aufprall ist K_2 ist schneller als K_1. Wenn beide die gleiche kinetische Energie besitzen sollen, muss m_2 also kleiner als m_1 sein.

Leistung & Wirkungsgrad

(21) Der Wirkungsgrad η ist das Verhältnis zwischen abgegebener und aufgenommener Leistung.
50 Liter/s Wasser entsprechen in jeder Sekunde einer Masse von 50 kg. Die mechanische Leistung des Wasserstrahls ist:

$$P = \frac{\frac{1}{2} 50\ kg \cdot (9\ m/s)^2}{s} = 2025\ W$$

Der Wirkungsgrad der Turbine ist:

$$\eta = \frac{1500\ W}{2025\ W} = 0{,}74 = 74\ \%$$

Impulserhaltung

(22) Antwort E
Nach dem Aufprall hat der Ball den Impuls $-p_0$, denn die Richtung der Bewegung hat sich geändert. Die Summe der Impulse bleibt bei Stoßvorgängen unverändert, deshalb muss die Wand die Differenz $\Delta p = p_0 - (-p_0) = 2 \cdot p_o$ aufnehmen.

Unelastischer Stoß

(23) Antwort D
Der Gesamtimpuls bleibt bei Stoßvorgängen immer erhalten. Beim unelastischen Stoß geht kinetische Energie verloren. Das Gesetz der Energieerhaltung wird dennoch nicht verletzt. Die Energie wird in andere Formen, z. B. Wärme oder Schall, umgewandelt.

Impulserhaltung

(24) Antwort B

$$v = \frac{m_1 \cdot v_1}{m_1 + 3m_1} = 0{,}25\ v_1$$

Kraftstoß

(25) Antwort D
Beim Aufschlag auf den Nagel wird der Hammer in einer kurzen Zeit abgebremst. Es handelt sich um einen Kraftstoß $F \cdot \Delta t = \Delta p$.

$$F = \frac{0{,}5\ kg \cdot 8 \frac{m}{s}}{0{,}01\ s} = 400\ N$$

Rotation – Richtig oder falsch?

(26) Beurteilen Sie die folgenden Aussagen …

	Richtig	Falsch
Es gibt gleichförmige und beschleunigte Kreisbewegungen.	✓	
Eine gleichförmige Kreisbewegung ist eine gleichförmige Bewegung.		✗
Die Richtung der Bahngeschwindigkeit ist tangential zur Kreisbahn.	✓	
Die Winkelgeschwindigkeit ist ein Vektor parallel zur Bahngeschwindigkeit.		✗
Der Drehimpuls ist ein Vektor.	✓	
Das Trägheitsmoment ist ein Vektor.		✗
Das Trägheitsmoment wird durch die Masse und durch die Materialeigenschaften eines Körpers definiert.		✗
Das Drehmoment ist ein Skalar.		✗
Das Drehmoment wird in Joule angegeben.		✗
Die Einheit des Drehimpulses ist $kg \cdot m \cdot s^{-1}$.		✗

Bei einer gleichförmigen Kreisbewegung ist die Umdrehungsfrequenz konstant. Bei der beschleunigten Kreisbewegung ändert sie sich. Bei der gleichförmigen Kreisbewegung ändert sich fortlaufend die Richtung der Geschwindigkeit, deshalb wirken Kräfte. Jede Kreisbewegung ist eine beschleunigte Bewegung.

Der Vektor der Winkelgeschwindigkeit zeigt parallel zur Drehachse bzw. steht senkrecht auf der Rotationsebene.

Das Trägheitsmoment ist wie die Masse eine Eigenschaft eines Objektes und damit ein Skalar. Das Trägheitsmoment wird durch die Massenverteilung bezüglich der Rotationsachse bestimmt.

Formal ist 1 Nm = 1 J, das Drehmoment wird jedoch üblicherweise stets in Nm angegeben.

Die Einheit des Drehimpulses ist $kg \cdot m^2 \cdot s^{-1}$.

Zentrifugalkraft

(27) Zentrifugalbeschleunigungen werden gerne als Vielfache der Erdbeschleunigung g angegeben.

$$a_z = 1400 \cdot 9{,}81 \frac{m}{s^2} = 13734 \frac{m}{s^2}$$

Die Zentrifugalbeschleunigung ist $a_z = \omega^2 \cdot r$ und die Winkelgeschwindigkeit $\omega = 2 \cdot \pi \cdot f$

Wir erhalten:

$$f = \frac{1}{2\pi}\sqrt{\frac{a_z}{r}} = \frac{1}{2\pi}\sqrt{\frac{13734 \frac{m}{s^2}}{0{,}12\ m}} = 53{,}84\ s^{-1}$$

$$= 3230\ U/min$$

Lagerkräfte

(28) Wir können das Problem als zweiarmigen Hebel betrachten, mit einer Drehung um A.

Es muss ein Gleichgewicht der Momente vorliegen.

$$800\ N \cdot 1{,}6\ m = F_B \cdot 0{,}8\ m$$

B wird mit einer Zugkraft von 1,6 kN belastet.

Parameter der Rotationsbewegung

(29) Die Masse bleibt konstant. Es ändert sich die Massenverteilung und damit das Trägheitsmoment J, es wird kleiner.

Der Drehimpuls $L = J \cdot \omega$ ist eine Erhaltungsgröße, er bleibt konstant.

Wenn das Trägheitsmoment kleiner wird, muss deshalb die Winkelgeschwindigkeit und damit die Drehzahl zunehmen.

In die Rotationsenergie $W = \frac{1}{2} J \omega^2$ geht das Trägheitsmoment linear, die Winkelgeschwindigkeit aber quadratisch ein. Deshalb nimmt die Rotationsenergie zu.

Woher kommt dieser Energiezuwachs?

Beim Heranziehen der Hanteln müssen Sie Arbeit gegen die Zentrifugalkraft verrichten, damit erhöhen Sie Ihre Rotationsenergie.

Hydrostatischer Druck

(30) Antwort B

Der Wasserdruck beträgt 1 bar (10^5 Pa) pro 10 m Wassertiefe. Darauf lastet noch der Atmosphärendruck von etwa 1 bar. Damit ist der Gesamtdruck im 40 m Tiefe 5 bar, in 30 m 4 bar. Der Druck hat um 20 % abgenommen.

Luftdruck

(31) Antwort B

Der Luftdruck nimmt mit der Höhe exponentiell ab. Dies beschreibt die barometrische Höhenformel. Bis zu einer Höhe von 3000 m kann aber in sehr guter Näherung linear mit einer Druckabnahme von 100 hPa pro 1000 m Höhe gerechnet werden.

Hydraulik

(32) Antwort D

$A_2 = 2 \cdot A_1$ und deshalb $D_2 = \sqrt{2} \cdot D_1$

Druck – Richtig oder falsch?

(33) Der Druck …

	Richtig	Falsch
… ist ein Vektor.		✗
… übt auf eine Oberfläche eine Tangentialkraft aus.		✗
… hat die Einheit J/m^3.	✓	
… ist bei gleicher Wassertiefe in Salzwasser größer als in Süßwasser.	✓	
1 mbar = 1,33 mmHg		✗
1 kPa = 1 mbar		✗

	Richtig	Falsch
… ist am Boden eines schlanken zylindrischen Gefäßes kleiner als der Druck eines mit dem gleichen Volumen gefüllten kugelförmigen Gefäßes.	✓	
… ist am Boden eines schlanken zylindrischen Gefäßes kleiner als der Druck eines auf gleiche Höhe gefüllten kugelförmigen Gefäßes.		✗

Der Druck von Flüssigkeiten und Gasen übt eine Kraft auf eine Oberfläche aus. Diese steht immer senkrecht auf der Oberfläche. Daher ist bei der Angabe des Drucks keine Richtungsinformation notwendig. Deshalb wird der Druck im Allgemeinen als Skalar betrachtet.

Es ist zwar keine übliche Einheit, aber formal richtig:

$$\frac{J}{m^3} = \frac{Nm}{m^2} = \frac{N}{m^2} = Pa$$

Es ist 1 mmHg = 1,33 mBar und 1 hPa = 1 mbar.

Salzwasser hat eine etwa 3 % höhere Dichte als Süßwasser. Deshalb ist hier der Schweredruck $P = \rho \cdot g \cdot h$ entsprechend höher.

Kolbendruck

(34) Antwort B

$$P = \frac{F}{A} = \frac{10\,N}{\pi\left(0{,}5 \cdot 10^{-2}\,m\right)^2} = \frac{10\,N}{\pi\,0{,}25 \cdot 10^{-4}\,m^2}$$

$$= \frac{40}{\pi} \cdot 10^4\,\frac{N}{m^2} = \frac{4}{\pi} \cdot 10^5\,Pa$$

$$= 1{,}3 \cdot 10^5\,Pa = 1{,}3 \cdot 10^3\,hPa$$

Federn

(35) Antwort E

Die Auslenkungen beider Federn addieren sich:

$$x = x_1 + x_2$$

$$\frac{F}{D} = \frac{F_1}{D_1} + \frac{F_2}{D_2}$$

Die Kraft ist an beiden Federn gleich $F = F_1 = F_2$, es kann deshalb durch F dividiert werden:

$$\frac{1}{D} = \frac{1}{D_1} + \frac{1}{D_2} = \frac{D_1 + D_2}{D_1 \cdot D_2}$$

Federkennlinie

(36) Antwort B

Diese Feder hat eine progressive Kennlinie, mit steigender Auslenkung wird sie immer härter.

Das Hooke'sche Gesetz gilt nur bei einer linearen Kennlinie.

Die Formel $W = \frac{1}{2} D x^2$ erhält man aus dem Hooke'schen Gesetz durch Integration nach x.

Sie gilt ebenfalls nur für lineare Verformungen.

Hooke'sches Gesetz

(37) Antwort D

Elastische Verformungen sind reversibel. Bei plastischen Verformungen wird der Ausgangszustand nicht wieder erreicht. Das Material wird bleibend verändert.

Eine viskoelastische Verformung ist ebenfalls reversibel, jedoch folgt die Verformung nicht unmittelbar der äußeren Kraft, sondern es tritt eine zeitabhängige Relaxation auf.

Das Hooke'sche Gesetz $F = D \cdot x$ beschreibt eine Proportionalität zwischen der Kraft F und der Längenänderung x. Es gilt somit nur für lineare elastische Verformungen.

Spannung & Dehnung

(38) a) Die Masse hat die Gewichtskraft

$$F_G = 9{,}81\,\frac{m}{s^2} \cdot 10\,kg = 98{,}1\,N$$

Der Unterarm stellt einen einarmigen Hebel dar. Der Bizeps müsste mit einer Kraft

$F_y = \frac{30\,cm}{3\,cm} \cdot F_G = 981\,N$ senkrecht nach oben ziehen.

Da der Muskel aber um 20° gegen die Vertikale geneigt ist, muss er die Kraft

$F_B = \frac{F_y}{\cos 20°} = 1044\,N$ aufbringen.

Die Spannung der Sehne beträgt

$$\sigma = \frac{F}{A} = \frac{1044\,N}{40\,mm^2} = 26{,}1\frac{N}{mm^2} = 2{,}61 \cdot 10^7\,\frac{N}{m^2}$$

b) Eine Dehnung von 2 % bedeutet eine Längenänderung $\varepsilon = \Delta l/l = 0{,}05$. Damit ist das Elastizitätsmodul

$$E = \frac{\sigma}{\varepsilon} = \frac{2{,}61 \cdot 10^7\,N/m^2}{0{,}05} = 5{,}22 \cdot 10^8\,\frac{N}{m^2}$$

Oberflächenspannung

(39) Antwort B

Die Oberflächenspannung ist eine Materialkonstante, ihre Einheit ist N/m. Sie ist temperaturabhängig, z.B. Wasser σ = 0,0756 N/m bei 0 °C und 0,0678 N/m bei 50 °C. Sie hängt nicht von der Dichte oder der Viskosität ab. Oberflächenaktive Substanzen sind beispielsweise Waschmittel. Sie setzen die Oberflächenspannung herab.

Luftblasen

(40) Der Überdruck in der Gasblase beträgt

$$P = \frac{2\sigma}{r} = \frac{2 \cdot 0{,}075\,N/m}{2{,}5 \cdot 10^{-4}\,m} = 600\,Pa$$

Der Umgebungsdruck in 1 m Wassertiefe beträgt 1,1 bar = $1{,}1 \cdot 10^5$ Pa.

Das Verhältnis der Drücke ist $\frac{110600\,Pa}{110000\,Pa} = 1{,}0055$

Der Druck in der Gasblase ist 0,55 % höher als der Außendruck.

Kapillarkräfte

(41) Antwort D

Bei nach unten gekrümmtem Meniskus steht der Flüssigkeitsspiegel am Rand höher als in der Mitte. Es tritt Kapillaraszension auf. Dies ist der Fall bei einer benetzenden Flüssigkeit. Hier ist sind die Adhäsionskräfte größer als die Kohäsionskräfte.

Volumenstrom

(42) Antwort D

Der Volumenstrom beträgt 2 ml/s (B), gefragt ist hier aber die Geschwindigkeit.

Der Volumenstrom ist das Produkt aus Strömungsgeschwindigkeit und Rohrquerschnitt:

$$\frac{dV}{dt} = A \cdot \vec{v}$$

$$v = \frac{10\,ml}{5\,s \cdot 0{,}5\,mm^2} = \frac{10 \cdot 10^{-6}\,m^3}{5\,s \cdot 4 \cdot 10^{-7}} = 5\frac{m}{s}$$
$$= 5 \cdot 10^2\,cm/s$$

Strömung – Richtig oder falsch?

(43) Eine laminare Strömung …

	Richtig	Falsch
… hat überall die gleiche Teilchengeschwindigkeit.		✗
… tritt oberhalb einer kritischen Reynoldszahl auf.		✗
… hat eine höhere Geschwindigkeit als eine turbulente Strömung.		✗
… hat unterschiedliche Teilchengeschwindigkeiten.	✓	
… kommt nur in Newton'schen Flüssigkeiten vor.		✗
… kann durch Angabe einer mittleren Strömungsgeschwindigkeit beschrieben werden.	✓	
… hat keine Wirbel.	✓	
… hat einen vernachlässigbaren Strömungswiderstand.		✗

Bei einer laminaren Strömung gleiten einzelne Flüssigkeitsschichten aneinander vorbei. Sie hat ein typisches parabelförmiges Geschwindigkeitsprofil. In der Mitte ist die Strömungsgeschwindigkeit größer als am Rand.

Als Quotient aus Volumenstromstärke und Rohrquerschnitt kann jedoch eine mittlere Strömungsgeschwindigkeit angegeben werden. Ab einer kritischen Geschwindigkeit bilden sich Verwirbelungen, und die Strömung wird turbulent. Dies ist bei hohen Reynoldszahlen (Re) der Fall. Für Re < 1000 wird von einer laminaren Strömung ausgegangen. Der Strömungswiderstand ist geringer als bei turbulenter Strömung, jedoch nicht vernachlässigbar.

Volumenstrom

(44) Der Strömungswiderstand wird durch das Gesetz von Hagen-Poiseuille beschrieben:

$$R = \frac{8\,\eta\, l}{\pi\, r^4}$$

Die Vergrößerung des Durchmessers um 41,4 % entspricht dem Faktor $1{,}414 = \sqrt{2}$.
Wichtig ist die Abhängigkeit des Strömungswiderstands von der 4. Potenz des Radius.
Die Viskosität und die Rohrlänge gehen linear in die Beziehung ein.

$R_1 = \frac{8(0{,}8\,\eta)(2{,}5\,l)}{\pi(\sqrt{2}\;r)^4} = \frac{1}{2}\,R_0$, der Strömungswiderstand des Rohrs sinkt auf die Hälfte.

Der Volumenstrom ist I = ΔP/R, analog zum Ohm'schen Gesetz der Elektrizitätslehre.

$$I_1 = \frac{0{,}7\,P_0}{0{,}5\,R_0} = 1{,}4\,I_0$$

Der Volumenstrom steigt um 40 %.

Kontinuitätsbedingung

(45) Antwort C
An der Engstelle beträgt der Rohrquerschnitt $A_2 = \pi \cdot (2\,cm)^2 = 4\pi\,cm^2$
Aufgrund der Kontinuitätsbedingung beträgt die Strömungsgeschwindigkeit:

$$v_2 = 2{,}5\frac{cm}{s}\cdot\frac{16\,cm^2}{4\pi\,cm^2} = \frac{10}{\pi}\frac{cm}{s}$$

Gesetz von Bernoulli

(46) Antwort D
Der Gesamtdruck setzt sich aus dynamischem und statischem Druck zusammen.

$$P_{ges} = P_{stat} + P_{dyn}$$

Im Querschnitt A_1 beträgt der statische Druck daher:

$$P_{stat} = 6 \cdot 10^5\ Pa - 6 \cdot 10^5\ Pa = 5 \cdot 10^5\ Pa$$

Der Gesamtdruck entspricht der „inneren Energie" der Flüssigkeit. Er bleibt, da wir Reibungsverluste vernachlässigen, konstant.

An der Engstelle halbiert sich der Rohrquerschnitt. Nach der Kontinuitätsbedingung

$$A_1 \cdot v_1 = A_2 \cdot v_2$$

verdoppelt sich die Geschwindigkeit.
Der dynamische Druck

$$P_{dyn} = \frac{1}{2}\,\rho\, v^2$$

hängt quadratisch von der Strömungsgeschwindigkeit ab. Er vervierfacht sich und beträgt an der Stelle A_2 nun $4 \cdot 10^5$ Pa. Für den statischen Druck verbleiben somit $2 \cdot 10^5$ Pa.
Das Verhältnis beträgt 4 : 2 bzw. – wie in (D) gekürzt angegeben – 2 : 1.

Dynamischer Druck

(47) Antwort A
Die Strömungsgeschwindigkeit beträgt:

$$v = \frac{dV/dt}{A} = \frac{30\,l/min}{10\,cm^2} = \frac{0{,}5\,l/s}{10\,cm^2}$$
$$= \frac{500\,cm^3/s}{10\,cm^2} = 0{,}5\,m/s$$

und der dynamische Druck:

$$P_{dyn} = \frac{1}{2}\,\rho\, v^2 = \frac{1}{2}\cdot 10^3\,\frac{kg}{m^3}\cdot\left(0{,}5\frac{m}{s}\right)^2$$
$$= 0{,}125\cdot 10^3\,\frac{kg\cdot m}{s^2\cdot m^2} = 125\ Pa = 1{,}25\ hPa$$

Die Kenntnis der Dichte von Wasser $\rho = 10^3\,kg/m^3$ wird bei dieser Aufgabe vorausgesetzt.

KAPITEL 3 Struktur der Materie

Elementarteilchen

(1) Antwort D

Der Atomkern besteht aus Protonen und Neutronen. Diese Kernteilchen werden auch Nukleonen genannt. Die Elektronen befinden sich nicht im Kern. Sie bilden die Elektronenhülle des Atoms.

Positronen sind Antiteilchen des Elektrons. Sie kommen normalerweise nicht im Atom vor, sondern entstehen erst beim β^+-Zerfall.

Kernladung

(2) Antwort B

Der Heliumkern enthält 2 Protonen und trägt damit die Kernladung $+ 3{,}2 \cdot 10^{-19}$ C.

Das He^+-Ion hat ein Elektron abgegeben und trägt die Gesamtladung von $+ 1{,}6 \cdot 10^{-19}$ C. Durch die Ionisation hat sich die Kernladung jedoch nicht verändert.

Atome – Richtig oder falsch?

(3) Atome …

	Richtig	Falsch
… sind elektrisch neutral.	✓	
… haben eine positive Kernladung.	✓	
… haben eine negative Kernladung.		✗
… sind die kleinsten Teilchen eines reinen Stoffes.		✗
… sind unteilbar.		✗
… haben einen Durchmesser von etwa 10 pm.		✗

Ein Atom ist elektrisch neutral. Wenn es eine Ladung trägt, bezeichnen wir es als Ion.

Das Atom ist das kleinste Teilchen eines chemischen Elementes. Ein reiner Stoff kann aber auch eine chemische Verbindung sein. So besteht das kleinste Teilchen des Wassers, das H_2O-Molekül aus drei Atomen.

Zwar stammt der Begriff Atom vom gr. *Atomos* = *„das Unteilbare"*, aber seit der Entdeckung der Kernspaltung wissen wir, dass es doch noch weiter teilbar ist.

Die Atomdurchmesser liegen in der Größenordnung von 10^{-10} m; 10 pm (picometer) sind 10^{-11} m.

Atommasse

(4) Antwort C

Nach der heutigen Definition ist eine atomare Masseneinheit 1 u = $^1/_{12}$ der Masse von ^{12}C. Damit die Masse eines Mols angegeben in Gramm den gleichen Zahlenwert hat wie die relative Atommasse in u, muss gelten

$$1u = \frac{1g}{6{,}023 \cdot 10^{23}} = 1{,}66 \cdot 10^{-24}\ g = 1{,}66 \cdot 10^{-27}\ kg$$

Teilchenzahl

(5) Antwort D

Ein Mol Kohlenstoff hat die Masse von 12 g und enthält $6{,}023 \cdot 10^{23}$ Atome (Avogadro-Zahl). 50 mg sind $^1/_{20}$ g.

$$n = \frac{6{,}023 \cdot 10^{23}}{12 \cdot 20} = \frac{6{,}023 \cdot 10^{23}}{240} = \frac{6{,}023 \cdot 10^{22}}{24}$$
$$= 0{,}25 \cdot 10^{22} = 2{,}5 \cdot 10^{21}$$

Isotope

(6) Antwort E

Die Schreibweise ist $^{Nukleonenzahl}_{Protonenzahl}Elementsymbol$.

Nuklide

(7) Antwort E

Äquivalente Angaben sind:

Kernladungszahl = Protonenzahl = Ordnungszahl = Elementsymbol

Massenzahl = Nukleonenzahl (Protonen + Neutronen)

Das sich die Protonenzahl aus dem Elementsymbol ableiten lässt, wird in der Regel die kurze Schreibweise gewählt ^{Nukleonenzahl}*Elementsymbol.*

Isotope – Richtig oder falsch?

(8) Isotope eines Elementes haben die gleiche(n) …

	Richtig	Falsch
… Masse		✗
… Nukleonenzahl		✗
… Elektronenzahl	✓	
… Ordnungszahl	✓	
… Elektronegativität	✓	
… Elektronenkonfiguration	✓	
… Protonenzahl	✓	
… Neutronenzahl		✗
… Halbwertszeit		✗
… physikalischen Eigenschaften		✗
… chemischen Eigenschaften	✓	

Als Isotope eines Elementes werden Nuklide bezeichnet, die die gleiche Protonen-, aber unterschiedliche Neutronenzahlen besitzen.
Sie unterscheiden sich in ihren physikalischen Eigenschaften, so kann ein Isotop stabil sein (z. B. ^{12}C), ein anderes radioaktiv (z. B. ^{14}C).
In ihrem chemischen Verhalten sind sie praktisch nicht unterscheidbar.

Wasserstoffisotope

(9) Antwort C
Die natürlichen Isotope sind: ^{1}H – Protium (Wasserstoff), ^{2}H – Deuterium (schwerer Wasserstoff), ^{3}H – Tritium (überschwerer Wasserstoff)
^{0}H – ein Nuklid mit der Massenzahl Null kann es nicht geben. Die Isotope ^{4}H–^{7}H wurden in Kernreaktionen künstlich hergestellt. Ihre mittlere Lebensdauer ist aber kleiner als 10^{-21} s, daher haben sie keine praktische Bedeutung.

Richtig oder falsch?

(10) ^{3}H und ^{3}He …

	Richtig	Falsch
… sind Nuklide.	✓	
… sind Isotope.		✗
… haben die gleiche Ladung.	✓	
… haben die gleiche Nukleonenzahl.	✓	
… haben die gleiche Elektronenzahl.		✗
… haben etwa die gleiche Masse.	✓	

^{3}H ist ein Isotop des Wasserstoffs, ^{3}He des Heliums. Sie sind zueinander keine Isotope, denn sie stehen im Periodensystem nicht am gleichen Ort („isos topos“). Beide sind als Atome elektrisch neutral. Sie haben die gleiche Teilchenzahl im Kern. ^{3}H hat ein Elektron, ^{3}He zwei. Ihre Massen sind annähernd gleich, sie unterscheiden sich erst in der dritten Dezimalen.

Elektronenhülle – Richtig oder falsch?

(11) Beurteilen Sie die folgenden Aussagen über die Elektronenhülle des Atoms:

	Richtig	Falsch
In der Hülle befinden sich genauso viele Elektronen wie Nukleonen im Kern.		✗
Nach dem Bohr'schen Atommodell sind nur bestimmte (diskrete) Bahnen erlaubt.	✓	
Das Periodensystem der Elemente teilt die Elektronenhülle in sogenannte „Schalen“ ein.	✓	
Der Durchmesser der Elektronenhülle beträgt etwa das 1000-Fache des Kerndurchmessers.		✗
Ein Orbital ist ein Raumbereich, in dem sich das Elektron mit hoher Wahrscheinlichkeit aufhält.	✓	
Alle Elektronen auf einer Schale haben die gleiche Energie.		✗
Wird ein Elektron aus der Hülle entfernt, entsteht ein Ion.	✓	

	Richtig	Falsch
Die dem Kern am nächsten befindlichen Elektronen werden als Valenzelektronen bezeichnet.		✗
Nur die Valenzelektronen sind an der chemischen Bindung beteiligt.	✓	
Bei der chemischen Bindung werden immer Elektronen aufgenommen oder abgegeben.		✗
Die sogenannte Edelgaskonfiguration ist energetisch besonders günstig.	✓	
Ein Atom mit 8 Elektronen besitzt die Edelgaskonfiguration.	✓	
Für die Edelgaskonfiguration sind immer 8 Elektronen auf der auf der äußeren Schale notwendig.		✗
Alle Isotope eines Elementes haben die gleiche Elektronenzahl.	✓	

In der Elektronenhülle befinden sich genauso viele Elektronen wie Protonen im Kern.

Der Durchmesser der Hülle ist etwa 100.000-mal größer als der des Kerns.

Jeder Energiezustand kann nur einmal eingenommen werden. Dies formuliert das **Pauli-Prinzip.**

Wird ein Elektron entfernt, ist das Atom positiv geladen. Das elektrisch geladene Atom wird als **Ion** bezeichnet.

Die **Valenzelektronen** sind die Elektronen auf der äußersten Schale. Sie sind für das chemische Verhalten verantwortlich. Nur bei der Ionenbindung werden Elektronen übertragen. Bei der kovalenten Bindung (z. B. H_2O) bilden sich gemeinsame Molekülorbitale.

Sauerstoff besitzt 8 Elektronen, aber nicht die besonders günstige Edelgaskonfiguration, denn hierfür sind 8 Elektronen auf der Außenschale erforderlich (Oktettregel). Allerdings erreicht Helium die Edelgaskonfiguration schon mit zwei Elektronen, denn damit ist die erste Schale schon voll besetzt.

Erscheinungsformen der Materie

(12) Antwort D

Die Aggregatzustände der Materie sind fest, flüssig und gasförmig.

Als Dampf wird ein Gas bezeichnet, das mit seiner flüssigen oder festen Phase in Kontakt steht.

Amorph ist der Zustand eines Festkörpers, wenn seine Moleküle eine geringe Nah-, aber keine Fernordnung aufweisen. Dies ist beispielsweise bei Gläsern der Fall.

Richtig oder falsch?

(13) Beurteilen Sie die folgenden Aussagen:

	Richtig	Falsch
Die Begriffe Aggregatzustand und Phase sind Synonyme.		✗
Zwei unterschiedliche Aggregatzustände bilden zwei Phasen.	✓	
Zwei Phasen nehmen stets verschiedene Aggregatzustände ein.		✗
Eine Änderung des Aggregatszustands wird als Phasenumwandlung bezeichnet.	✓	
An jeder Phasengrenze ändert sich der Aggregatzustand.		✗

Die **Aggregatzustände** sind fest, flüssig und gasförmig.

Als **Phase** wird ein Gebiet mit homogenen Stoffeigenschaften bezeichnet.

Wasser und Öl entmischen sich und bilden zwei voneinander getrennte flüssige Phasen, haben aber denselben Aggregatzustand.

Teilchenabstände

(14) Antwort D

Im Festkörper sind die Teilchenabstände in der Regel am kleinsten. Eine Ausnahme bildet hier nur das Wasser, das seine größte Dichte im flüssigen Zustand bei 4 °C hat.

Beim Schmelzen ändern sich die Teilchenabstände nur unwesentlich. Nur sind jetzt die Teilchen frei beweglich und gegeneinander verschiebbar.

In der Gasphase sind die Teilchenabstände um mehrere Zehnerpotenzen größer als in Flüssigkeiten oder Festkörpern.

Aggregatzustände

(15) Materie erscheint in den Aggregatzuständen fest, flüssig oder gasförmig. Welcher dieser Aggregatzustände vorliegt, hängt von den Umgebungsbedingungen Druck und Temperatur ab.
Festkörper wie Metalle bilden ein geordnetes Kristallgitter. Ist die Struktur in alle Raumrichtungen gleich nennt man den Stoff isotrop.
Ist nur eine sich über wenige Moleküldurchmesser erstreckende Nahordnung vorhanden, nennt man den Stoff amorph. Dies trifft z. B. auf Gläser zu.
Die Teilchenabstände in einer Flüssigkeit unterscheiden sich nur wenig von denen im Festkörper. Die intermolekularen Bindungen wurden aufgebrochen und die Moleküle sind jetzt gegeneinander beweglich.
Im gasförmigen Zustand sind die Teilchen weit voneinander entfernt. Ihre Abstände liegen mehrere Größenordnungen über den Moleküldurchmessern. Bei idealen Gasen können die Wechselwirkungen zwischen den Teilchen vernachlässigt werden.

KAPITEL

4 Wärmelehre

Celsius-Skala

(1) Antwort E

Fixpunkte sind der Gefrier- und Siedepunkt bei 1013 hPa. Dies ist der Normaldruck in Meereshöhe. Als Referenz ist der Druck festgelegt und nicht die Höhe, denn auch auf NN kann der Luftdruck wetterabhängig schwanken.

Im Tripelpunkt befinden sich alle drei Aggregatzustände miteinander im Gleichgewicht, für Wasser liegt dieser Punkt bei 0,01 °C und 6,1 hPa.

Ab dem kritischen Punkt sind Flüssigkeit und Gasphase nicht mehr voneinander unterscheidbar. Der kritische Punkt von Wasser liegt bei etwa 374 °C und $2,2 \cdot 10^7$ Pa (220 bar).

Kelvin-Skala

(2) Antwort D

Die Kelvin-Skala beginnt am absoluten Nullpunkt (–273,16 °C). Es ist jedoch noch ein weiterer Punkt notwendig, um festzulegen, welcher Temperaturänderung 1 K entsprechen soll.

Die aktuelle Definition lautet: *Das Kelvin, die Einheit der thermodynamischen Temperatur, ist der 273,16te Teil der thermodynamischen Temperatur des Tripelpunktes des Wassers.*

Der Tripelpunkt des Wassers liegt bei 6,1 hPa, deshalb ist (E) nicht richtig.

Temperaturänderung

(3) Antwort D

Die Temperatur ändert sich um 6 °C und liegt nun entweder bei 54 °C oder 66 °C.

60 °C entsprechen 333 K. Eine Änderung um 6 K führt zu 227 K oder 339 K. Die Änderung beträgt rund 2 %.

Amerikanische Verhältnisse

(4) Die Nullpunkte der Celsius- und der Fahrenheit-Skala sind gegeneinander verschoben, 0 °C = 32 °F. Ebenfalls unterscheidet sich die Skalenteilung; es gilt für die Temperaturdifferenz ΔT = 5 °C = 9 °F. Daraus ergibt sich die Umrechnung

$$T/°F = T/°C \cdot 1{,}8 + 32$$

$$T/°C = (T/°F - 32)/1{,}8$$

Michaels Körpertemperatur ist (98 °F – 32 °F)/32 = 36,7 °C

Der systolische Blutdruck ist

$$\frac{2{,}98 \cdot 0{,}4535\,kg \cdot 9{,}81\,m/s^2}{\left(2{,}54 \cdot 10^{-2}\,m\right)^2} = 2{,}05 \cdot 10^4\,\frac{N}{m^2}$$

$$= 205\,hPa = 155\,mmHg$$

Die Temperatur ist normal. Der Blutdruck sollte beobachtet und ggf. behandelt werden.

Hinweis: Die Einheiten °F und PSI kamen bisher nicht in den IMPP-Fragen vor. Die Umrechnung von Einheiten ist jedoch immer eine gute Übung. Darüber hinaus können Ihnen diese Rechnungen bei einem eventuellen beruflichen oder privaten Aufenthalt jenseits des Atlantiks von Nutzen sein.

Temperaturabhängige Größen

(5) Antwort C

Eine Flüssigkeit siedet bei einer bestimmten Temperatur: Die Siedetemperatur hängt wieder von anderen Parametern wie dem Druck ab.

Das Molvolumen eines Gases beträgt 22,4 l, bei 0 °C und 1013 hPa. Bei Erwärmung wird sich das Gas ausdehnen und die 22,4 l werden weniger als $6{,}023 \cdot 10^{23}$ Teilchen enthalten.

Der spezifische Widerstand ist eine Materialkonstante. Die in Tabellenwerken gelisteten Werte beziehen sich typischerweise auf eine Temperatur von 20 °C. Elektrischer Widerstand bzw. Leitfähigkeit sind temperaturabhängig.

Die Ionisierungsenergie von Wasserstoff beträgt 13,6 eV und ist nicht temperaturabhängig.

Längenausdehnung

(6) Antwort C

Die Längenänderung ist

$$\frac{\Delta l}{l_0} = \alpha \cdot \Delta T$$

$$\frac{\Delta l}{l_0} = 0{,}6\ \% = 6 \cdot 10^3$$

$$\Delta T = \frac{6 \cdot 10^{-3}}{1{,}2 \cdot 10^{-5}\ K^{-1}} = 500\ K = 500\,°C$$

Quecksilberthermometer

(7) Antwort B

Die Volumen ist

$$\Delta V = 500\ mm^3 \cdot 1{,}8 \cdot 10^{-4}\ K^{-1} \cdot 10\ K = 9 \cdot 10^{-1} mm^3$$

$$\Delta h = \frac{0{,}9\ mm^3}{0{,}45\ mm^2} = 2\ mm$$

Wärmekapazität

(8) Antwort D

Die spezifische Wärme von Wasser beträgt
$4{,}2\ J \cdot g^{-1} \cdot K^{-1}$,
die Molwärme $75{,}6\ J \cdot mol^{-1} \cdot K^{-1}$.
Bei 283 K (10 °C) liegt $H_2 0$ als Wasser vor, bei 253 K (–20 °C) als Eis ($c = 2{,}06\ J \cdot g^{-1} \cdot K^{-1}$) und bei 382 K (110 °C) als Gas ($c = 1{,}87\ J \cdot g^{-1} \cdot K^{-1}$).

Brennwert

(9) Antwort E

Wenn in der Ernährungslehre von Kalorien gesprochen wird, sind Kilokalorien (kcal) gemeint.
100 kcal = 420 kJ = 0,42 MJ

Adiabatenexponent

(10) Antwort C

Bei der thermischen Ausdehnung wird Arbeit gegenüber den zwischenmolekularen Anziehungskräften geleistet, deshalb ist die Wärmekapazität bei konstantem Druck c_p immer größer als die bei konstantem Volumen c_v. Bei Festkörpern und Flüssigkeiten ist dieser Unterschied allerdings vernachlässigbar. Bei Gasen spielt er jedoch eine große Rolle. Der Quotient c_p/c_v ist der **Adiabatenexponent** eines Stoffes. Für Luft beträgt er 1,4. Wäre hier nicht allgemein nach einem beliebigen Stoff, sondern nach Luft gefragt, wäre auch Antwort D richtig.

Fitnesstraining

11) Eine Maß Bier = 1,0 l

Verbrauch: $W_1 = 120\,kg \cdot 9{,}81\,m/s^2 \cdot 2000\,m = 2354\,kJ$

Zufuhr: $W_2 = (46\,kcal/100\,ml \cdot [10 \cdot 100\,ml] + 380\,kcal) \cdot 4{,}2\,kJ/kcal = 3528\,kJ$

$\Delta m = (3528\,kJ - 2354\,kJ)/(38{,}9\,kJ/g) = 30{,}2\,g$

So nimmt Alois leider nicht ab, sondern baut noch 30 g Fett auf.

Coole Drinks

(12) Das Innenvolumen des Glases ist

$$V = \pi \cdot (3{,}5\ cm)^2 \cdot 15\ cm = 577{,}27\ cm^3$$

Es können also 77,23 cm^3 Eis hinzugegeben werden. Dies sind

$$m = 0{,}92 \frac{g}{cm^3} \cdot 77{,}27\ cm^3 = 71{,}09\ g$$

Das Eis auf 0 °C zu erwärmen, erfordert die Energie:

$$W_1 = 2{,}22 \frac{J}{g \cdot K} \cdot 71{,}09\ g \cdot 18\ K = 2840{,}8\ J$$

Das Schmelzen des Eises:

$$W_2 = 333{,}5 \frac{J}{g} \cdot 71{,}09\ g = 23708{,}5\ J$$

Das Eis auf die Temperatur X zu erwärmen:

$$W_3 = 4{,}18 \frac{J}{g \cdot K} \cdot 71{,}09\ g \cdot X$$

Diese Energiebeträge werden dem Getränk beim Abkühlen entnommen:

$$W_4 = 4{,}18 \frac{J}{g \cdot K} \cdot 500\ g \cdot (25\,°C - X)$$

Wir können die Energiebilanz aufstellen:

$$W_1 + W_2 + W_3 = W_4$$

$$2840{,}8\,J + 23708{,}5\,J + 297{,}2\,\frac{J}{°C}\cdot X$$

$$= 2090\,\frac{J}{°C}\cdot(25\,°C - X)$$

$$26549{,}3\,J + 297{,}2\,\frac{J}{°C}\cdot X = 52250\,J - 2090\,\frac{J}{°C}\cdot X$$

$$2387{,}2\,\frac{J}{°C}\cdot X = 25700{,}7\,J$$

$$X = 10{,}77\,°C$$

Da hier mit Temperaturdifferenzen gerechnet wird, wurde die Einheit K durch °C ersetzt. Es könnte auch in Kelvin gerechnet werden, 25 °C = 298 K, die Lösung wäre dann 308,77 K.

Thermodynamische Systeme

(13) Antwort C

Ein **offenes** System tauscht mit seiner Umgebung Materie und Energie aus. Ein **geschlossenes** System kann keine Materie, aber Energie austauschen. Ein **abgeschlossenes** System tauscht weder Materie noch Energie mit seiner Umwelt aus.
Teilabgeschlossene Systeme gibt es nicht. Das Edelgas Helium wird sich in chemischen und biologischen Reaktionen als Inertgas verhalten, dies spielt jedoch hier bei der Charakterisierung thermodynamischer Systeme keine Rolle.

Adiabatische Prozesse

(14) Antwort D

Ein Prozess heißt **adiabatisch,** wenn keine Wärmeenergie mit der Umgebung ausgetauscht wird. Es wird also weder Wärme aufgenommen noch abgegeben. Das System kann jedoch mechanische Arbeit abgeben oder aufnehmen und somit seine innere Energie und damit auch seine Temperatur ändern.

Erster Hauptsatz der Wärmelehre

(15) Antwort D

Die innere Energie U eines thermodynamischen Systems kann durch Wärmezufuhr Q oder mechanische Arbeit W erhöht werden:

$$dU = dQ + dW$$

Der erste Hauptsatz der Thermodynamik formuliert somit die Äquivalenz von Wärme und mechanischer Arbeit.
Nach diesem Satz bleibt die innere Energie eines Systems konstant, wenn es mechanische Arbeit abgibt und entsprechend Wärme aufnimmt. Dies entspräche einem Motor, der nur dadurch angetrieben wird, dass er seine Umgebung abkühlt. Allerdings wird diese Möglichkeit durch den zweiten Hauptsatz der Thermodynamik eingeschränkt, der angibt, dass ein solcher Vorgang nicht selbstständig ablaufen kann.
Ein Perpetuum Mobile (4) gibt es auch nach dem ersten Hauptsatz nicht.

Zweiter Hauptsatz der Wärmelehre

(16) Antwort E

Der zweite Hauptsatz der Thermodynamik beschreibt, in welche Richtung ein Vorgang abläuft. Dazu wird die Entropie eingeführt. Sie beschreibt den Ordnungsgrad eines Systems. Selbsttätig laufen nur Vorgänge ab, bei denen die Entropie und damit die die „Unordnung" im System zunimmt (4).
Reversible Vorgänge verlaufen „quasi-statisch". Hier ändert sich die Entropie nicht (5).

Statistische Thermodynamik

(17) Antwort E

Die Maxwell-Boltzmann-Verteilung ist eine Häufigkeitsverteilung der Molekülgeschwindigkeiten abhängig von der Temperatur.

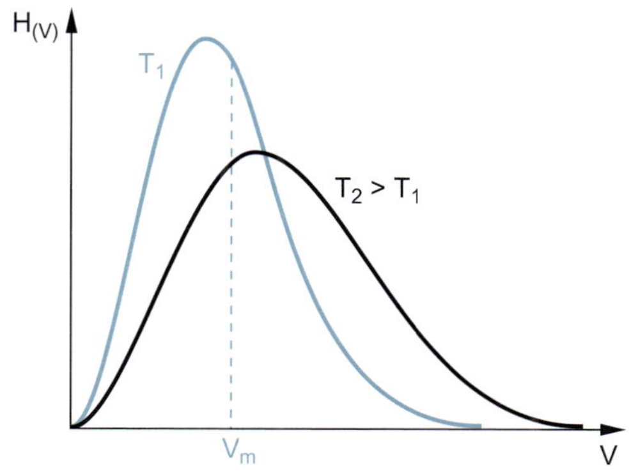

Die Kurve ist asymmetrisch und wird mit zunehmender Temperatur breiter und flacher. Aus der Verteilung lässt sich die mittlere Molekülgeschwindigkeit ermitteln.

Kinetische Energie

(18) Antwort E

Die mittlere kinetische Energie der Moleküle ist:

$$W = \frac{1}{2} \cdot f \cdot k \cdot T$$

Sauerstoff O_2 hat als 2-atomiges Molekül 3 Freiheitsgrade der Translation und 2 der Rotation, also insgesamt 5 Freiheitsgrade, 27 °C sind 300 K, daher W = 750 k.

Naturkonstanten

(19) Antwort B

$$8{,}31\, J \cdot mol^{-1} \cdot K^{-1} = 1{,}38 \cdot 10^{-23}\, J \cdot K^{-1} \cdot 6{,}023 \cdot 10^{23}\ mol^{-1}$$

Gasgesetz

(20) Antwort B

Die Zustandsgleichung des idealen Gases lautet:

$$P \cdot V = n \cdot R \cdot T$$

Sie lässt sich umstellen:

$$n = \frac{P \cdot V}{R \cdot T} = \frac{V \cdot P}{T \cdot R}$$

Physikalische Effekte

(21) Antwort C

Dies ist der **Joule-Thompson-Effekt.**

Der **Venturi-Effekt** bezeichnet die Konstanz des Volumenstroms bei inkompressiblen Flüssigkeiten. Aufgrund dieser Kontinuitätsbedingung nimmt die Strömungsgeschwindigkeit an Verengungen des Rohrquerschnitts zu. In der Folge lässt sich daraus die Bernoulli-Gleichung ableiten. Der **Bernoulli-Effekt** beschreibt dann die Abnahme des statischen Drucks bei Erhöhung der Strömungsgeschwindigkeit.

(D) und (E) sind keine physikalischen. sondern medizinische Phänomene. Als **Lorrain-Smith-Effekt** (auch: pulmonale Sauerstoffvergiftung) wird die Schädigung des Lungengewebes unter Langzeiteinwirkung von höherem Sauerstoffpartialdruck bezeichnet. Der **Paul-Bert-Effekt** ist die neurotoxische Wirkung des Sauerstoffs unter erhöhtem Druck.

Ideale Gase

(22) Antwort D

Das ideale Gas ist eine Näherung, Wechselwirkungen zwischen den Gasmolekülen sowie deren Eigenvolumen werden vernachlässigt.

Zwar verhalten sich alle Bestandteile der Luft sowie die üblichen Industriegase bei Drücken unter 20 MPa (200 bar) noch in guter Näherung als ideales Gas, dennoch kann kein allgemein gültiger Wert für den Übergang vom idealen zum realen Gas angegeben werden. Das reale Verhalten ist stoffspezifisch.

Oberhalb der **kritischen Temperatur** lässt sich ein Gas durch Druckerhöhung nicht mehr verflüssigen.

Bei der **Inversionstemperatur** dreht sich der Joule-Thompson-Effekt um: Das Gas erwärmt sich bei adiabatischer Expansion.

Zustandsdiagramme

(23)

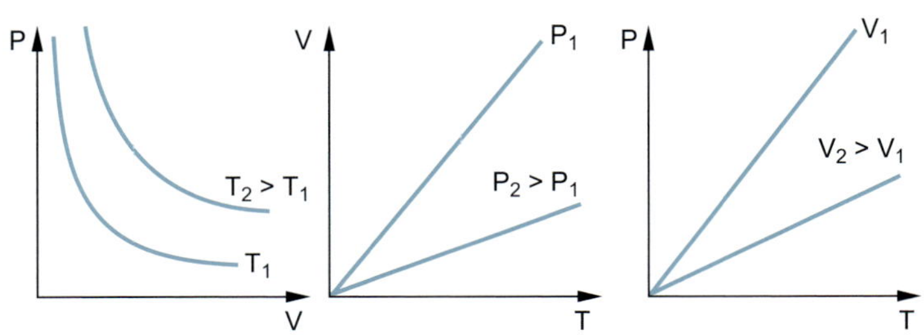

a Isotherm **b** Isobar **c** Isochor

Reale Gase

(24) Antwort E

Die Van-der-Waals-Gleichung lautet:

$$\left(P+\frac{a\cdot n^2}{V^2}\right)\cdot(V-n\cdot b)=n\cdot R\cdot T$$

Gegenüber dem idealen Gas benötigen Sie hier noch die stoffspezifischen Werte für den Binnendruck a und das Kovolumen b.

Druck und Temperatur

(25) Antwort E

Sie können natürlich mit dem 2. Gesetz von Gay-Lussac rechnen:

$$\frac{P_1}{P_2}=\frac{T_1}{T_2}$$

Die in der Technik viel verwendete Einheit bar (10^5 Pa) müssen Sie nicht umrechnen, sie kürzt sich heraus. Die Temperaturen müssen jedoch in Kelvin eingesetzt werden.

Die Lösung lässt sich aber auch einfacher finden:

Der Druck eines Idealen Gases ist bei konstantem Volumen proportional zu seiner Temperatur. Die Temperatur steigt von 300 K (27 °C) auf 330 K (57 °C) um 10 %.

Also steigt auch der Druck von 150 bar um 10 % auf 165 bar.

Aus der Praxis

(26) Die Masse der Gasfüllung ist

$$m_{O_2}=9{,}85\ kg-8{,}5\ kg=1{,}35\ kg=1350\ g$$

Die Molmasse von Sauerstoff beträgt 33 g/mol. Damit enthält die Füllung:

$$n=\frac{1350\ g}{32\ g/mol}=42{,}2\ mol$$

Der Druck errechnet sich aus der Zustandsgleichung des idealen Gases zu

$$P=\frac{n\cdot R\cdot T}{V}=\frac{42{,}2\ mol\cdot 8{,}31\ J\cdot mol^{-1}\cdot K^{-1}\cdot 298\ K}{7\cdot 10^{-3}\ m^3}$$
$$=1{,}49\cdot 10^7\ Pa\ (149\ bar)$$

Nach dem Gesetz von Boyle-Mariotte nimmt das Gas bei 10^5 Pa Umgebungsdruck das Volumen

$$V=\frac{1{,}49\cdot 10^7\ Pa\cdot 7\ l}{1\cdot 10^5\ Pa}=1043\ l$$

ein. Davon verbleiben 7 l im Gasbehälter, 1036 l können entnommen werden.

Bei der angegebenen Flussrate reicht der Vorrat für

$$t=\frac{1036\ l}{2{,}5\ l/min}=414{,}4\min=6\ h\,54\ min$$

Der Gasvorrat wird Ihrem Patienten somit für einen Tag reichen.

In der gezeigten Rechnung hätten wir den Effekt, dass sich die Gasflasche nur bis zum Atmosphärendruck entleert und damit die letzten 7 l nicht ausströmen – was wir aber auch vernachlässigen können. Der Unterschied in der Nutzungsdauer betrüge weniger als 3 Minuten und läge im Bereich der Effekte der Rundungsfehler der Rechnung bzw. der Messfehler bei Temperaturbestimmung und Wägung.

Partialdruck

(27) Antwort D

Der Anteil des Partialdrucks einer Komponente in einem Gasgemisch am Gesamtdruck entspricht ihrem Stoffmengenanteil.

$$p_{O_2}=0{,}32\cdot 4{,}0\ bar=1{,}28\ bar$$

Die restlichen 4,0 bar – 1,28 bar = 2,72 bar entfallen dann auf den Stickstoff.

Partialdruck

(28) Antwort C

Es ist P · V = konstant. Wird die Luftblase auf ⅓ ihres Volumens komprimiert, steigt der Druck in ihrem Inneren auf das 3-Fache. Da sich die Gaszusammensetzung nicht ändert, erhöhen sich auch alle Partialdrücke um den Faktor 3 (C).

Wenn der Druck in der Luftblase vor der Kompression 1 bar betragen hätte, würden auch die Antworten (B) und (E) zutreffen. Der Anfangsdruck wurde jedoch in der Aufgabe nicht genannt, und da nur eine Antwort richtig sein soll, verbleibt nur (C).

Normbedingungen

(29)

Normbedingung	STPD	BTPS	ATPS
Temperatur	0 °C	37 °C	aktuelle Temperatur
Luftdruck	1013 mbar	aktueller Luftdruck	aktueller Luftdruck
p_{H2O}	0 mbar	~ 62,8 mbar	~ 23,4 mbar

STPD – Standard Temperature, Pressure, Dry
BTPS – Body Temperature, Pressure, Saturated
ATPS – Ambient Temperature, Pressure, Saturated
ATPS und BTPS gehen von wasserdampfgesättigter Luft aus. Ein konkreter Wert für den Dampfdruck wird nicht explizit festgelegt, denn er ist temperaturabhängig. Der Sättigungsdampfdruck beträgt 23,4 mbar bei 20 °C und 62,8 mbar bei 37 °C.

Zustandsänderungen

(30) Benennen Sie die folgenden Zustandsänderungen:

1.	fest	→	flüssig	**schmelzen**
2.	flüssig	→	gasförmig	**verdampfen**
3.	fest	→	gasförmig	**sublimieren**
4.	flüssig	→	fest	**erstarren**
5.	gasförmig	→	flüssig	**kondensieren**
6.	gasförmig	→	fest	**resublimieren**

Phasendiagramm des Wassers

(31)

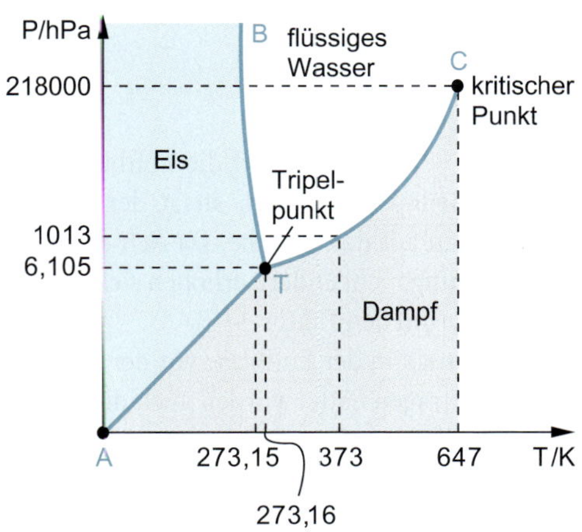

Bei P = 3 hPa schneiden wir die Phasengrenze fest-gasförmig.
Die Umwandlung ist die Sublimation bzw. Resublimation.

Luftfeuchtigkeit

(32) Antwort E
Die absolute Luftfeuchtigkeit kann auch als Wasserdampfdichte bezeichnet werden. Sie wird in g/m³ angegeben.
Die eingeschlossene Wassermenge bleibt konstant. Allerdings wird die Luft hier bei konstantem Druck erwärmt und dehnt sich deshalb aus. Somit nimmt das Volumen zu und die Wasserdampfdichte infolgedessen ab.
Die maximale Menge Wasserdampf f_{max}, die die Luft aufnehmen kann, steigt mit zunehmender Temperatur. Deshalb nimmt bei Erwärmung die relative Luftfeuchtigkeit als Quotient stets $f_{rel} = f_{abs}/f_{max}$ ab.
An dieser Stelle ist die genaue Betrachtung der Fragestellung wichtig. Ist das Luftvolumen in einem starren Behälter eingeschlossen, bleibt das Volumen konstant und der Druck steigt. Dann bleibt die absolute Luftfeuchtigkeit konstant und die relative Luftfeuchtigkeit nimmt ab (C).
Bei nicht zu großen Temperaturänderungen kann die Ausdehnung des Gases vernachlässigt werden, sodass dann gilt: **f_{abs} = const., f_{rel} nimmt ab.**

Luftfeuchtigkeit – Richtig oder falsch?

(33)

	Richtig	Falsch
Die absolute Luftfeuchtigkeit …		
… ist das Produkt aus relativer maximaler Luftfeuchtigkeit.	✓	
… kann in mol/l angegeben werden.	✓	
… kann in kg/dl angegeben werden.	✓	
… ist stark temperaturabhängig.		✗
Die relative Luftfeuchtigkeit …		
… wird in g/m³ angegeben.		✗
… kann größer als 1 werden.	✓	
… von 1 bedeutet vollkommen trockene Luft.		✗

	Richtig	Falsch
… nimmt bei Temperaturerhöhung ab.	✓	
Die maximale Luftfeuchtigkeit …		
… ist erreicht wenn der Partialdruck des Wasserdampfes gleich dem Dampfdruck des Wassers bei entsprechender Temperatur wird.	✓	
… ist temperaturabhängig.	✓	
… wird unter STPD-Normbedingungen gemessen.		✗
… wird unter ATPS-Normbedingungen gemessen.	✓	

$f_{rel} = f_{abs}/f_{max}$ lässt sich umstellen in $f_{abs} = f_{rel} \cdot f_{max}$.
Die absolute Luftfeuchtigkeit wird üblicherweise in g/m³ angegeben. Prinzipiell wären auch andere Einheiten der Massen- oder Stoffmengenkonzentration gültige Angaben.
Die relative Luftfeuchtigkeit wird in Prozent angegeben. Der Wert 1 bedeutet 100 %, das entspricht wasserdampfgesättigter Luft. Mehr Wasser kann nicht aufgenommen werden, es beginnt auszukondensieren.
Werte > 1 bedeuten eine Übersättigung. Diese kann auftreten, wenn keine Kondensationskeime vorhanden sind. Das Phänomen ist mit dem Siedeverzug von Flüssigkeiten vergleichbar.
Das D ist STPD steht für „dry". Hier gibt es keine Feuchtigkeit zu messen.

Transportmechanismen

(34) Antwort C
Diffusion und Osmose sind Mechanismen des Stofftransports.

Wärmestromdichte

(35) Antwort C
Wärmetransport ist ein Energietransport.

Der Wärmestrom $I = \frac{dQ}{dt}$ hat somit die Einheit J/s bzw. W.

Wenn dieser Strom durch einen Körper mit dem Querschnitt A transportiert wird, kann eine Wärmestromdichte angegeben werden. Sie hat die Einheit W/m².

Temperaturstrahlung

(36) Antwort C
Es muss mit Temperaturwerten in Kelvin gerechnet werden: 37 °C = 310 K, 40 °C = 313 K.
Durch das Fieber hat sich die Körpertemperatur um rund 1 % erhöht (genau: 0,97 %).
Wichtig ist die Abhängigkeit der Strahlungsleistung von der 4. Potenz der Temperatur: $P = \sigma \cdot T^4$ (Stefan-Bolzmann-Konstante $\sigma = 5{,}67 \cdot 10^{-4}\ \mathrm{W \cdot m^{-2} \cdot K^{-4}}$)
Wir müssen aber nicht mit dem Strahlungsgesetz rechnen, sondern können die Änderung der Strahlungsleistung schnell abschätzen, indem wir die folgende Näherung nutzen:

$$(1+x)^n \approx 1 + n \cdot x$$

Diese Abschätzung ist für kleine x sehr gut anwendbar.

$$(1+1\%)^4 = (1+0{,}01)^4 = 1 + 4 \cdot 0{,}01$$
$$= 1 + 0{,}04 = 1 + 4\%$$

Die Strahlungsleistung erhöht sich somit um etwa 4 %. Die exakte Rechnung würde 3,93 % ergeben.
Die Energieabgabe durch Emission elektromagnetischer Strahlung spielt bei diesen Temperaturen keine praktische Rolle. Daher muss sich der Patient über dieses Thema keine Sorgen machen.
Es sei denn, er studiert Medizin. Denn die Abhängigkeit der Strahlungsleistung von der Temperatur ist gerne Gegenstand von Prüfungsfragen.

Wärmestrom

(37) Antwort C
Für den Stab lässt sich ein Wärmewiderstand definieren

$$R = \frac{l}{\lambda \cdot A}$$

L ist die Länge des Stabes, A seine Querschnittsfläche, die Konstante λ gibt die Wärmeleitfähigkeit des Materials an.
Wird der Durchmesser eines kreisförmigen Querschnittes verdoppelt, vervierfacht sich die Querschnittsfläche. Die Länge des Stabes wurde verdoppelt. Insgesamt halbiert sich der Wärmewiderstand.

Der Wärmestrom ist analog dem ohmschen Gesetz

$$I = \frac{\Delta T}{R}$$

Da sich sowohl die Temperaturdifferenz als auch der Widerstand halbiert haben, bleibt der Wärmestrom unverändert.

Strahlungsleistung

(38) Antwort B

Wegen der Proportionalität der Strahlungsleistung zu T^4 muss die Temperatur um den Faktor $\sqrt[4]{2} = 1{,}189$ erhöht werden, um die Strahlungsleistung zu erhöhen.

Der Wert für $\sqrt[4]{2}$ muss nicht berechnet werden, sondern die Lösung der Aufgabe kann gut abgeschätzt werden.

$\sqrt{2} = 1{,}41$, der gesuchte Faktor muss kleiner sein, damit entfallen (C), (D) und (E).

$1{,}1^2 = 1{,}21 < \sqrt{2}$, damit ist (A) zu klein und es bleibt Lösung (B).

Spektrale Verteilung

(39) Antwort B

Der Körper emittiert gleichzeitig verschiedene Wellenlängen. Seine maximale Strahlungsleistung liegt bei

$$\lambda_{max} = \frac{2{,}898\,mm \cdot K}{T}$$

$$T = \frac{2{,}898\,mm \cdot K}{0{,}01\,mm} = 289{,}8\,K = 16{,}8\,°C$$

Bei dieser Temperatur spielt die Wärmeabgabe durch Strahlung nur eine untergeordnete Rolle.

Richtig oder falsch?

(40) Die Stoffmenge eines in einer Flüssigkeit gelösten Gases …

	Richtig	Falsch
… ist abhängig von den Stoffeigenschaften des Gases.	✓	
… ist proportional zu Dampfduck der Flüssigkeit.		✗
… ist proportional zum Gesamtdruck des Gasgemischs über der Flüssigkeitsoberfläche.		✗
… ist proportional Partialdruck des Gases über der Flüssigkeitsoberfläche.	✓	
… nimmt mit steigender Temperatur zu.		✗
… ist umgekehrt proportional zum Löslichkeitskoeffizienten des Gases.		✗

Die Stoffmenge n des gelösten Gases wird durch das **Gesetz von Henry-Dalton** angegeben:

$$n = c \cdot P$$

Sie ist proportional zum Löslichkeitskoeffizienten c. Dieser hängt von der Art des Gases und der Temperatur ab. Mit steigender Temperatur nimmt die gelöste Gasmenge ab.

P ist der Partialdruck des Gases über der Flüssigkeit.

Gefrier- und Siedepunkte

(41) Antwort E

Die Dampfdruckkurve verschiebt sich insgesamt nach unten. Verglichen mit dem reinen Lösungsmittel ist der Gefrierpunkt der Lösung erniedrigt und der Siedepunkt erhöht.

Der Effekt der Gefrierpunktserniedrigung wird beim winterlichen Einsatz von Streusalz genutzt.

Stofftransport

(42) Antwort D

Es findet ein Konzentrationsausgleich durch **Diffusion** statt. Diffusion ist – wie auch die Osmose – ein passiver Transportvorgang.

Osmose findet an einer semipermeablen Membran statt. Das ist hier nicht der Fall.

Salze dissoziieren in wässriger Lösung. Wäre anstelle des Salzes Zucker in das Wasser gegeben worden, wäre Antwort (C) richtig.

Aktiver Stofftransport findet in biologischen Systemen statt. Er läuft nicht selbsttätig ab. Es ist Energiezufuhr notwendig.

Osmotischer Druck

(43) Antwort A

Für den osmotischen Druck ist nur die Zahl der in Lösung befindlichen Teilchen verantwortlich. Ein Molekül KCl dissoziiert in zwei Teilchen, $MgCl_2$ in drei. Aufgrund der unterschiedlichen Konzentrationen der Lösungen ist das Verhältnis der Teilchendichten und damit der osmotischen Drücke 4 : 3.

Um das Dissoziationsverhalten zu berücksichtigen, wird die osmotische Konzentration c_{osm} oder **Osmolarität** eingeführt. Sie gibt die osmotisch wirksame Teilchenzahl an; 1 mol/l NaCL = 2 osmol/l bzw. 1 mol/l $MgCl_2$ = 3 osmol/l.

Raoult-Gesetz

(44) Die Molmasse von NaCl ist 23,99 g +35,45 g = 59,44 g

0,9 prozentige NaCl-Lösung bedeutet:

$$0{,}9\ \% = \frac{0{,}9\,g}{100\,g} = \frac{0{,}9\,g}{100\,ml} = \frac{9\,g}{l} \cdot \frac{mol}{59{,}44\,g} = 0{,}15\,mol/l$$

Die Dampfdruckerniedrigung beschreibt das **Raoult-Gesetz:**

$$\frac{\Delta P}{P} = -\frac{n_l}{n_0}$$

n_l ist die Teilchenzahl des gelösten Stoffes, n_0 die des Lösungsmittels.

Die Molzahl von Wasser ist:

$$n = \frac{1000\,g/l}{18\,g/mol} = 55{,}55\,mol/l$$

Der Vergleich der Teilchenzahlen ergibt:

$$\frac{\Delta P}{P} = \frac{0{,}15\,mol}{55{,}55\,mol} = 0{,}0027 = 0{,}27\ \%$$

Van't-Hoff-Gesetz

(45) Das Disaccharid Saccharose (Glukose + Fruktose) ist der herkömmliche Haushaltszucker. Seine Molmasse beträgt (12 · 12 + 1 · 22 + 16 · 11) g = 342 g. Der osmotische Druck stellt sich nach dem **Gesetz von van't Hoff** ein:

$$P_{osm} \cdot V = n_l \cdot R \cdot T$$

Die Teilchen bewegen sich wie die Moleküle eines idealen Gases durch die Flüssigkeit. n_l ist die Stoffmenge der gelösten Substanz.

$$n_l = \frac{P_{osm} \cdot V}{R \cdot T} = \frac{2{,}5 \cdot 10^5\,Pa \cdot 200 \cdot 10^{-6}\,m^3}{8{,}31\,J \cdot mol \cdot K^{-1} \cdot 293\,K} = 0{,}0205\,mol$$

$$m = 0{,}0205\,mol \cdot 342\frac{g}{mol} = 7{,}01\,g$$

Diese Menge entspricht etwa 2 Stück Würfelzucker. Der hier erzeugte osmotische Druck ist etwa so groß wie der Druck im Reifen eines Pkw.

KAPITEL 5 Elektrizitätslehre

Elektrische Ladung

(1) Antwort E

Die Elementarladung $e = 1{,}6 \cdot 10^{-29}$ C ist der kleinstmögliche Betrag einer elektrischen Ladung. Alle elektrischen Ladungen sind ganzzahlige Vielfache dieses Wertes. Das ist nur bei (E) der Fall:

$$8{,}0 \cdot 10^{-18}\ \mathrm{C} = 50 \cdot e$$

Das elektrische Feld

(2)

	Richtig	Falsch
Die elektrische Feldstärke ist ein skalarer Wert.		✗
Die Einheit der elektrischen Feldstärke ist N/C.	✓	
Die Einheit der elektrischen Feldstärke ist V/m.	✓	
Die elektrische Feldstärke gibt die auf eine Ladung wirkende Kraft an.		✗
Eine Punktladung erzeugt ein homogenes elektrisches Feld.		✗
Die Feldlinien einer elektrisch geladenen Metallkugel verlaufen tangential zu ihrer Oberfläche.		✗
Die Richtung der Feldlinien verläuft von einer positiven zur negativen Ladung.	✓	
Die Einheit der elektrischen Feldkonstante ist $\frac{A \cdot s}{V \cdot m}$	✓	

Die elektrische Feldstärke ist eine vektorielle Größe. Die Richtung des elektrischen Feldes ist die Richtung der Kraft, die auf eine ins Feld eingebrachte positive Probeladung wirkt. Daher haben die Feldlinien die Richtung $+ \rightarrow -$.

Die elektrische Feldstärke $E = F/q$ ist definiert als die auf eine Ladung wirkende Kraft dividiert durch den Betrag der Ladung. Die elektrische Feldstärke kann in den Einheiten N/C oder V/m angegeben werden. Die Feldlinien stehen immer senkrecht auf der Oberfläche eines elektrisch leitenden Körpers.

Feld einer Punktladung

(3) Antwort C

Die Kraft zwischen zwei Punktladungen beschreibt das Coulomb-Gesetz:

$$F = \frac{1}{4 \cdot \pi \cdot \epsilon_0} \cdot \frac{q \cdot Q}{r^2}$$

Es ist aber auch $F = q \cdot E$. Daraus lässt sich folgern, dass die Ladung Q am Ort der Ladung q ein Feld der Stärke

$$E = \frac{1}{4 \cdot \pi \cdot \epsilon_0} \cdot \frac{Q}{r^2}$$

erzeugt.

Coulomb-Gesetz

(4) Antwort C

Grundlage dieser Frage ist das quadratische Abstandsgesetz. Die Kraft zwischen den Ladungen soll auf ⅓ ihres Ausgangswertes reduziert werden. Dazu muss der Abstand um den Faktor $\sqrt{3} = 1{,}73$ vergrößert werden.

Kräfte zwischen Ladungen

(5) Hier gilt das **Superpositionsprinzip,** alle Kräfte entstehen unabhängig voneinander und addieren sich in der Gesamtwirkung.

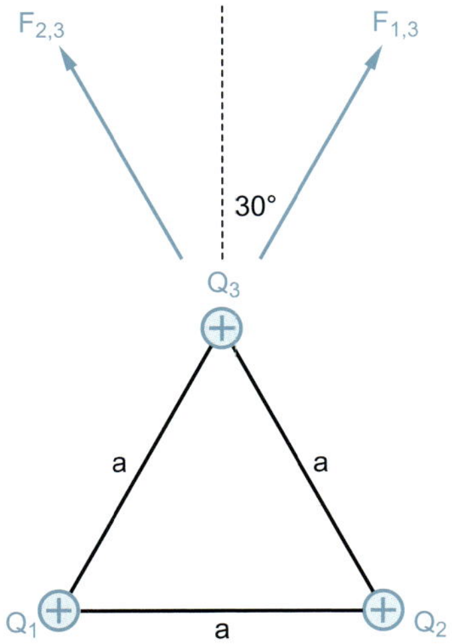

Wir betrachten die Ladung Q_3 und berechnen zunächst die Kraft zwischen den Ladungen Q_1 und Q_3:

$$F_{1,3} = 4 \cdot \pi \cdot \epsilon_0 \cdot \frac{q \cdot Q}{r^2}$$
$$= \frac{1}{4 \cdot \pi \cdot 8{,}85 \cdot 10^{-12} \frac{A \cdot s}{V \cdot m}} \cdot \frac{2 \cdot 10^{-5}\, C \cdot 2 \cdot 10^{-5}\, C}{(0{,}5\, m)^2}$$
$$= 14{,}4\, N$$

Für $F_{2,3}$ gilt derselbe Wert.
Der Innenwinkel im gleichseitigen Dreieck beträgt 60°. Die Kräfte $F_{1,3}$ und $F_{2,3}$ greifen daher im Winkel von 30° zur gezeichneten vertikalen Linie an.
Die Kräfte müssen vektoriell addiert und dazu in Komponenten zerlegt werden.

$$F_{1,3,x} = 14{,}4\, N \cdot \sin 30° = 7{,}2\, N$$

$$F_{1,3,y} = 14{,}4\, N \cdot \cos 30° = 12{,}5\, N$$

Die Horizontalkomponenten der Kräfte $F_{1,3}$ und $F_{2,3}$ zeigen in entgegengesetzte Richtungen und kompensieren sich gegenseitig. $F_{1,3,x}$ hätte deshalb hier eigentlich nicht berechnet werden müssen.

Die Vertikalkomponenten addieren sich, die Ladung Q_3 wird deshalb mit einer Kraft von 25 N nach oben abgestoßen.
Da die Problemstellung symmetrisch ist, wirken Kräfte mit demselben Betrag auf die Ladungen Q_1 und Q_2.
Nach der gleichen Vorgehensweise ließe sich die Frage auch für mehr als 3 Ladungen sowie Ladungen unterschiedlicher Stärke und Vorzeichen berechnen.

Richtig oder falsch?

(6) Das elektrische Potenzial …

	Richtig	Falsch
… ist eine skalare Größe.	✓	
… ist im Unendlichen unendlich groß.		✗
… wird in Coulomb angegeben.		✗
… gibt eine Spannungsdifferenz an.		✗
… einer Punktladung ist proportional zu 1/r (r = Abstand von der Ladung).	✓	
… ändert seinen Wert entlang einer Äquipotenzialfläche nicht.	✓	
… bleibt bei einer Ortsveränderung in Richtung der elektrischen Feldlinien konstant.		✗
… hat die gleiche Einheit wie die elektrische Feldstärke		✗

Das elektrische Potenzial steht im Bezug zur potenziellen Energie. Für jeden Punkt im Raum kann die Energie angegeben werden, die notwendig ist, um eine Ladung an diese Stelle zu bringen, geteilt durch den Betrag dieser Ladung. In unendlicher Entfernung von allen Ladungen ist das Potenzial gleich Null.
Das elektrische Potenzial wird genau wie die elektrische Spannung in der Einheit Volt angegeben. Die elektrische Spannung ist definiert als Potenzialdifferenz zwischen zwei Punkten.
Als anschaulichen Vergleich können Sie die Temperatur heranziehen. Sie können für jeden Punkt im Raum einen Wert für seine Temperatur angeben. Eine Temperaturdifferenz können Sie jedoch immer nur zwischen zwei Punkten angeben.

Orte gleichen Potenzials lassen sich zu Äquipotenzialflächen verbinden. Die Feldlinien des elektrischen Feldes stehen immer senkrecht auf den Äquipotenzialflächen.
Bei einer Bewegung entlang der Feldlinie verlassen sie somit die Äquipotenzialfläche.

Beschleunigung im elektrischen Feld

(7) Antwort C

Beim Durchlaufen einer Spannung U gewinnt eine Ladung q die Energie

$$W = q \cdot U$$

Aus diesem Zusammenhang leitet sich die Energieeinheit Elektronenvolt (eV) ab: *ein Elektron, das die Spannungsdifferenz 1 V durchläuft, gewinnt die Energie 1 eV.*
$1\ \text{eV} = 1{,}6 \cdot 10^{-19}\ \text{J}$

Röntgenstrahlung

(8) Antwort E

$$W = 1{,}6 \cdot 10^{-19}\, C \cdot 10^{5}\, V = 1{,}6 \cdot 10^{-14}\, J$$

Wie schnell wird es?

(9) Aus dem elektrischen Feld erhält das Elektron die Energie W = e · U und setzt diese in Bewegungsenergie um.

$$e \cdot U = \frac{1}{2} \cdot m \cdot v^2$$

$$v = \sqrt{\frac{2 \cdot e \cdot U}{m}} = \sqrt{\frac{2 \cdot 1{,}6 \cdot 10^{-9}\, C \cdot 50\ V}{9{,}1 \cdot 10^{-31}\, kg}} = 4{,}2 \cdot 10^{6}\ \frac{m}{s}$$

Für die Rechnung benötigten Sie die Ladung und die Masse des Elektrons, die in der Aufgabe nicht angegeben waren. Den Wert der Elementarladung sollten Sie auswendig wissen und die Elektronenmasse zumindest schnell nachschlagen können.

Elektrischer Dipol

(10)

	Richtig	Falsch
Zwei gleiche Ladungen bilden einen Dipol.		✗
Das Dipolmoment ist p = q · l	✓	
Dipole orientieren sich senkrecht zum elektrischen Feld.		✗
Das Dipolmoment ist ein Vektor.	✓	
Das Wassermolekül H_2O weist ein Dipolmoment auf.	✓	
Kohlendioxid CO_2 besitzt ein Dipolmoment.		✗

Zwei Ladungen +q und −q bilden einen Dipol. Die Ladungen unterscheiden sich in ihrem Vorzeichen. Der Vektor des Dipolmoments zeigt von der negativen zur positiven Ladung.
In einem elektrischen Feld wirkt auf den Dipol ein Moment, das ihn parallel zu den Feldlinien dreht.
Moleküle mit asymmetrischer Ladungsverteilung, wie z. B. H_2O weisen ein Dipolmoment auf. CO_2 ist dagegen symmetrisch gebaut und weist daher kein Dipolmoment auf.

Influenz und Polarisation

(11)

	Richtig	Falsch
Elektrische Leiter werden polarisiert, in Nichtleitern findet lediglich Influenz statt.		✗
Polarisation erzeugt eine asymmetrische Ladungsverteilung.	✓	
Das durch die Polarisationsladungen erzeugte elektrische Feld ist dem äußeren Feld entgegen gerichtet.	✓	
Die Influenzladungen befinden sich im Zentrum des Leiters.		✗
Die Influenzladungen schirmen das Innere eines Leiters vor äußeren elektrischen Feldern ab.	✓	
Ein Faraday-Käfig schirmt elektromagnetische Felder ab.	✓	
Ein Faraday-Käfig schirmt statische elektrische Felder ab.	✓	
Ein Faraday-Käfig schirmt statische magnetische Felder ab.		✗

Der Begriff **Influenz** bezeichnet die Ladungstrennung in elektrischen Leitern durch ein äußeres elektrisches Feld.
Nichtleiter werden polarisiert, hier werden die Ladungsschwerpunkte verschoben.
Die Influenzladungen befinden sich an der Oberfläche des Leiters. Sie erzeugen ein Gegenfeld, sodass das Innere des Leiters feld-frei ist. Auf diesem Prinzip basiert die abschirmende Wirkung des Faraday-Käfigs. Der **Faraday-Käfig** schirmt statische elektrische Felder und elektromagnetische Wechselfelder ab.
Statische magnetische Felder können auf diese Weise nicht abgeschirmt werden. Ein Faraday-Käfig könnte z. B. durch ein engmaschiges Kupfergitter realisiert werden. Das Material ist elektrisch leitend, aber nicht magnetisierbar.

Der elektrische Strom

(12)

	Richtig	Falsch
Der elektrische Strom fließt immer vom negativen zum positiven Pol.		✗
Der elektrische Strom kann in der Einheit C · s angegeben werden.		✗
Der elektrische Strom hat immer eine magnetische Wirkung.	✓	
Der elektrische Strom hat immer eine thermische Wirkung.		✗
Der elektrische Strom kann eine chemische Wirkung haben.	✓	
Die technische Stromrichtung gibt die Richtung der Bewegung der Ladungsträger in technischen Schaltkreisen an.		✗
Wechselstrom ändert periodisch seine Richtung.	✓	
Wenn die Stromstärke zeitlich veränderlich, ist handelt es sich um Wechselstrom.		✗

In Metallen transportieren Elektronen die elektrische Ladung. Sie bewegen sich vom negativen Pol einer Spannungsquelle zum positiven Pol. In einem Elektrolyten kann der Strom auch nur durch positive Ionen transportiert werden. Diese haben dann die entgegengesetzte Bewegungsrichtung. Das Gleiche gilt für einen Protonenstrahl im Vakuum.
Die Stromstärke ist definiert als

$I = \frac{dQ}{dt}$, die Einheit Ampere ist daher 1 A = 1 C/s.

Die technische Stromrichtung + → – wurde willkürlich festgelegt, bevor die Einzelheiten des Ladungstransports bekannt waren.
Jede bewegte elektrische Ladung erzeugt ein magnetisches Feld. Daher hat elektrischer Strom immer auch eine magnetische Wirkung.
Im elektrischen Leiter entsteht aufgrund von Reibungsvorgängen beim Stromtransport Wärme. Aber auch ein Elektronenstrahl im Vakuum transportiert elektrische Ladungen. In diesem Fall wird keine Wärme produziert.
Wechselstrom ändert periodisch seinen Betrag und seine Richtung. Aber auch bei Ein- und Ausschaltvorgängen ändert sich die Stromstärke.
Wenn sich beispielsweise die Stromstärke periodisch zwischen 0 und 5 A ändert, handelt es sich um einen pulsierenden Gleichstrom, denn die Stromrichtung ändert sich in diesem Beispiel nicht.

Stromdichte

(13) Antwort D

$$j = \frac{I}{A} = \frac{10\ A}{1{,}5 \cdot 10^{-6}\ m^2} = 6{,}7 \cdot 10^6\ \frac{A}{m^2} = 6{,}7 \cdot 10^5\ \frac{mA}{cm^2}$$

Systematische Fehler

(14) Antwort C

Gezeigt ist ein typisches Beispiel für einen systematischen Messfehler. Die Spannung zwischen den Anschlüssen des Widerstands wird korrekt gemessen. Das Amperemeter erfasst jedoch den Strom durch den Widerstand und den Strom durch das Voltmeter. Der angezeigte Wert ist deshalb zu groß.

Der aus den Messwerten berechnete Widerstand

$R_m = \frac{U}{I}$ ist deshalb kleiner als der korrekte Widerstand R.

Auf den systematischen Fehler wird man durch wiederholte Messung nicht aufmerksam, sondern man muss ihn kennen und kann dann seinen Einfluss berechnen.

R_m entspricht der Parallelschaltung aus R und R_V, damit ist R:

$$\frac{1}{R} = \frac{1}{R_m} - \frac{1}{R_V}$$

Gute Voltmeter weisen einen sehr hohen Innenwiderstand auf, sodass der systematische Fehler in der Praxis vernachlässigt werden kann.

Ohm'sche Widerstände

(15) Es können die Widerstandswerte 33,3 Ω, 66,7 Ω, 150 Ω und 300 Ω hergestellt werden.

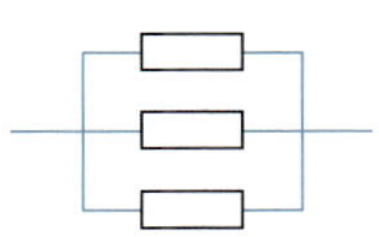

33 Ω

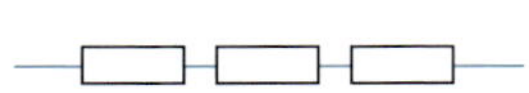

300 Ω

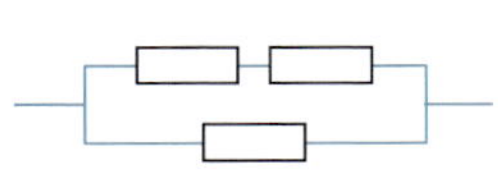

67,7 Ω

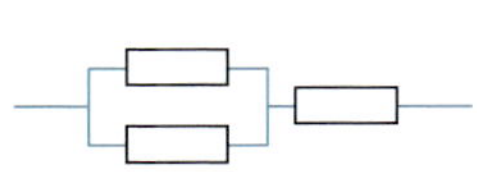

150 Ω

Elektrische Leistung

(16) Antwort C

Die elektrische Leistung ist U = R · I. Eine höhere Spannung bewirkt aber auch einen höheren Strom, sodass die Leistung quadratisch von der Spannung abhängt.

$$P = \frac{U^2}{R}$$

Zur Abschätzung verwenden wir die Näherung:

$$(1+0{,}06)^2 \approx 1 + 2 \cdot 0{,}06 = 1{,}12$$

Sie können auch die Regeln der Fehlerfortpflanzung nutzen:

Geht eine mit dem relativen Fehler Δx behaftete Größe mit der n-ten Potenz in ein Ergebnis ein, ist der relative Fehler des Ergebnisses n · Δx.

Die exakte Rechnung ergibt 112,36 %.

Spannungsteiler

(17)

	Richtig	Falsch
R_1 und R_2 bilden einen Spannungsteiler.	✓	
Die Teilspannungen U_1 und U_2 addieren sich zur Gesamtspannung U_{ges}.	✓	
Die Teilströme I_1 und I_2 durch die Widerstände sind proportional zu den Widerstandswerten.		✗
Es ist $I_1 + I_2 = I_{ges}$		✗
$I_{ges} = 0{,}5$ mA	✓	
Die Stromspannung am Widerstand R_1 beträgt $U_1 = 5$ V.		✗

Durch alle Widerstände fließt der gleiche Strom $I_1 = I_2 = I_{ges}$.

Die Spannung an einem Einzelwiderstand steht im gleichen Verhältnis zur Gesamtspannung wie der Widerstand zum Gesamtwiderstand. Somit ist $U_1 = 5$ V und $U_2 = 15$ V.

Verwenden Sie niemals Begriffe wie „Stromspannung" oder „Spannungsstrom". Sie würden sich damit wissenschaftlich so präzise ausdrücken wie ein Anatom, der vom „Knochenmuskel" spricht: Spannung und Strom sind zwei verschiedene physikalische Größen.

Schaltungen von Widerständen

(18) Es handelt sich hier um einen belasteten Spannungsteiler. R_2 und R_V sind parallel geschaltet. Der Gesamtwiderstand dieser Parallelschaltung R_P ist dann in Reihe mit R_1 geschaltet.
Da an R_V 40 V gemessen wurden, muss an R_1 die Spannung $U_1 = 60$ V betragen.
Die Teilspannungen stehen im gleichen Verhältnis wie die Widerstände

$$\frac{R_P}{50\,\Omega} = \frac{40\,V}{60\,V}$$

Der Widerstand der Parallelschaltung beträgt somit $R_P = 33{,}3\ \Omega$.
Nun kann der Widerstand R_V ermittelt werden:

$$\frac{1}{R_V} = \frac{1}{33{,}3\,\Omega} - \frac{1}{50\,\Omega}$$

Die Rechnung ergibt $R_V = 100\ \Omega$.

Die Leistung an R_V ist $P_V = \frac{(40\,V)^2}{100\,\Omega} = 16\,W$

Die Leistung an R_2 ist $P_2 = \frac{(40\,V)^2}{50\,\Omega} = 32\,W$, und an R_1 ist $P_1 = \frac{(60\,V)^2}{50\,\Omega} = 72\,W$

Die Gesamtleistung ist $P_{ges} = 16\ W + 32\ W + 72\ W = 120\ W$.
Es werden somit nur 16 W/120 W = 13 % der aus der Quelle entnommenen Leistung an R_V umgesetzt.
Für den Betrieb elektrischer Geräte ist die Spannungsreduktion über einen Spannungsteiler daher keine wirtschaftliche Lösung.

Spannungsquellen

(19) Antwort E
Am Innenwiderstand R_i einer realen Spannungsquelle fällt die Spannung $\Delta U = R_i \cdot I$ ab.
Der Innenwiderstand beträgt hier $R_I = 1\ V/0{,}1\ A = 10\ \Omega$.
Es handelt sich damit um eine relativ hochohmige Spannungsquelle, die keine großen Ströme liefern kann. Rein rechnerisch würde sich bei 1 A am Innenwiderstand ein Spannungsabfall von 12 V ergeben.
Der Innenwiderstand ist aber eine fiktive, rechnerische Größe, die die Charakteristik der Spannungsquelle beschreibt. Der lineare Spannungsabfall kann hier nicht so weit extrapoliert werden. Der zugrundeliegende chemische oder technische Prozess, der die Spannung erzeugt, hätte schon längst seine Kapazitätsgrenze erreicht.
Diese Spannungsquelle kann also keine 1,2 A liefern.

Plattenkondensator

(20) Antwort C
Die Ladung des Kondensators ist

$$Q = C \cdot U = \varepsilon_0 \cdot \varepsilon_r \cdot \frac{A}{d} \cdot U$$

$$= 8{,}85 \cdot 10^{-12}\,\frac{F}{m} \cdot 1 \cdot \frac{(0{,}1\,m)^2}{0{,}01\,m} \cdot 100\,V = 8{,}85 \cdot 10^{-10}\,C$$

Ladevorgang

(21) Antwort D

Der Kondensator und der Widerstand bilden ein RC-Glied mit der Zeitkonstanten $\tau = R \cdot C$, mit der der Kondensator entladen

$$U_{(t)} = U_0 \cdot e^{-\frac{t}{\tau}}$$

oder aufgeladen

$$U_{(t)} = U_0 \cdot \left(1 - e^{-\frac{t}{\tau}}\right)$$

wird.

Nach der Zeit $t = \tau$ ist der Kondensator auf 37 % der Spannung U_0 entladen bzw. auf 63 % U_0 geladen.

Nach $t = 2 \cdot \tau$ ist der Kondensator auf $0{,}37 \cdot 0{,}37 \approx$ 14 % entladen bzw. zu 86 % aufgeladen.

Nach $t = 3 \cdot \tau$ ist er auf $0{,}37^3 \approx 5\,\%$ entladen bzw. zu 95 % aufgeladen.

Diese Werte sind nützlich, um die Frage ohne weitere Hilfsmittel zu beantworten.

Die Zeitkonstante beträgt $\tau = 10 \cdot 10^{-6}\,\text{F} \cdot 200 \cdot 10^3\,\Omega = 2\,\text{s}$.

Nach $t = 3 \cdot \tau = 6\,\text{s}$ ist der Kondensator zu 95 % geladen.

Natürlich lässt sich der Wert auch exakt berechnen:

$$0{,}95 \cdot U_0 = U_0 \cdot \left(1 - e^{-\frac{t}{2s}}\right)$$

$$0{,}05 = e^{-\frac{t}{2s}}$$

$$\ln(0{,}05) = -\frac{t}{2s}$$

$$\ln(0{,}05) = -\frac{t}{2s}$$

$$t = 5{,}99\,s$$

Dielektrikum

(22) Antwort B

Zunächst denken wir uns den Kondensator in der Mitte getrennt, sodass zwei Kondensatoren mit dem Plattenabstand d/2 in Reihe geschaltet sind. Jeder dieser Kondensatoren hat wegen des halbierten Plattenabstands die Kapazität 2 C.

Die Gesamtkapazität hat sich durch diese Betrachtung nicht verändert

$$\frac{1}{C} = \frac{1}{2C} + \frac{1}{2C}$$

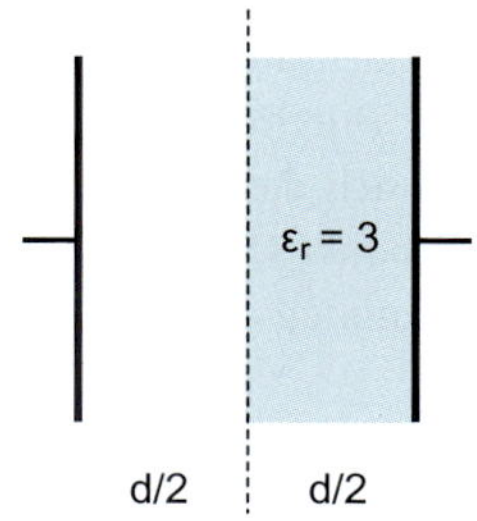

Nun wird in einen der Kondensatoren das Dielektrikum eingeschoben. Seine Kapazität verdreifacht sich auf 6 C.

Die Gesamtkapazität beträgt nun

$$\frac{1}{C_{neu}} = \frac{1}{2C} + \frac{1}{6C} = \frac{3}{6C} + \frac{1}{6C} = \frac{4}{6C} = \frac{2}{3C}$$

$$C_{neu} = \frac{3}{2}C$$

Würde ein Dielektrikum der Dicke d nur zur Hälfte in den Kondensator eingeschoben, ließe sich das Problem nach demselben Prinzip lösen. Wir würden den abgebildeten Kondensator horizontal teilen und erhielten eine Parallelschaltung von zwei Kondensatoren mit jeweils der halben Plattenfläche.

Kondensatoren

(23)

Größe	Faktor
Ladung	1
Spannung	2
Kapazität	½
Energie	2
elektrische Feldstärke	1
Energiedichte	1

Durch das Trennen der Zuleitungen wird die Ladung auf dem Kondensator „eingesperrt" und kann sich nicht ändern. Durch Verdopplung des Plattenabstands halbiert sich die Kapazität des Kondensators. Weil das Produkt $Q = C \cdot U$ konstant bleibt, muss sich die Spannung des Kondensators verdoppeln.

Die Feldstäre $E = U/d$ bleibt konstant.

Die Energie $W = ½ \cdot C \cdot U^2$ verdoppelt sich. Beim Auseinanderziehen der Kondensatorplatten musste Arbeit gegen deren gegenseitige Anziehungskräfte geleistet werden. Diese Energie wurde im elektrischen Feld gespeichert.

Die Energiedichte bleibt konstant. Zwar hat sich die Energie des Kondensators verdoppelt, aber auch sein Volumen.

Elektrizitätsleitung in Festkörpern

(24)

	Richtig	Falsch
Im Festkörper transportieren positive und negative Ladungsträger den elektrischen Strom.		✗
Alle Elektronen eines Metalls stehen zum Stromtransport zur Verfügung.		✗
Die Leitfähigkeit von Silizium steigt mit der Temperatur.	✓	
Die Leitfähigkeit von Kupfer steigt mit der Temperatur.		✗
Es stellt sich eine zur Stromstärke proportionale Driftgeschwindigkeit der Elektronen ein.		✗

Im Festkörper sind die Atome nicht gegeneinander beweglich. Der Stromtransport wird nur durch die Elektronen realisiert. Darin sind im Metallgitter nur die Valenzelektronen beteiligt. Die weiter innen befindlichen Elektronen sind im Atom fest gebunden.

In guten elektrischen Leitern behindern sich die Elektronen mit zunehmender Temperatur gegenseitig. Der Widerstand steigt, bzw. die Leitfähigkeit nimmt ab.

Bei Halbleitermaterialen, wie z. B. Germanium oder Silizium steigt die Leitfähigkeit bei Temperaturerhöhung.

Die Driftgeschwindigkeit der Elektronen ist abhängig von der Feldstärke und damit von der elektrischen Spannung.

Elektrolyse

(25) Antwort C

Die elektrolytische Abscheidung eines Stoffes erfordert pro Mol die Ladung $Q = z \cdot F$. Dabei ist z die Wertigkeit des Stoffes und F die **Faraday-Kontante,** $F = 96485$ C.

Für ein mmol werden somit 96,485 C benötigt. Das erfordert die Stromstärke

$$I = \frac{96{,}485\,C}{600\,s} = 0{,}1608 \text{ A} = 161 \text{ mA}$$

Für die Beantwortung der Frage ist keine exakte Rechnung notwendig. Es reicht als Abschätzung aus $96/600 \approx 0{,}15$, was Antwort (C) am nächsten kommt.

Leitung in Flüssigkeiten, Gasen und im Vakuum
(26)

	Richtig	Falsch
In Flüssigkeiten wird der elektrische Strom durch Elektronen und positive Ionen transportiert.		✗
Eine Lösung, die Ionen enthält, wird Elektrolyt genannt.	✓	
Die Kathode ist die negative Elektrode.	✓	
Kationen tragen eine negative Ladung.		✗
Gase sind Nichtleiter.	✓	
Die Ionisierungsenergie eines Gases ist abhängig von seiner Temperatur.		✗
Durch ein Vakuum kann kein elektrischer Strom fließen.		✗

In einer Flüssigkeit befinden sich keine freien Elektronen. Die Elektronen lagern sich an Moleküle an und bilden Ionen. Daher wird der elektrische Strom in Flüssigkeiten durch positive und negative Ionen transportiert.
Kationen bewegen sich zur negativen Elektrode, der Kathode. Sie selbst sind positiv geladen.
Die Ionisierungsenergie hat einen für jeden Stoff spezifischen Wert. Bei sehr hohen Temperaturen kann allerdings in Gasen durch Zusammenstöße der Moleküle so viel Energie übertragen werden, dass Ionisationen stattfinden. Man spricht dann von einem Plasma.
Mittels eines Ionen- oder Elektronenstrahls kann elektrischer Strom auch durch das Vakuum transportiert werden.

Kontaktspannung
(27) Antwort B

Die Thermospannung $\Delta U = \alpha \cdot \Delta T$ ist proportional zur Temperaturdifferenz ΔT und kann somit zur Temperaturbestimmung verwendet werden.
Ein Thermoelement kann elektrische Energie erzeugen (Seebeck-Effekt), allerdings ist der Wirkungsgrad sehr gering. In der Umkehrung (Peltier-Effekt) führt elektrischer Strom durch das Thermoelement zu einer Temperaturdifferenz. Dieser Effekt wird in einfachen elektrischen Kühlboxen genutzt.

Normalelektrode
(28) Antwort E

Die galvanische Spannungsreihe wird gegen die Normwasserstoffelektrode gemessen. Sie besteht aus einer mit Wasserstoff umspülten Platinelektrode.

Membranspannung
(29) Antwort C

Das Membranpotenzial wird durch die **Nernst-Gleichung** beschrieben. Bei T = 25 °C und nach Einsetzen der Werte für die Elementarladung und die Boltzmann-Konstante wird daraus für einwertige Ionen

$$U = 0{,}059\,V \cdot log_{10}\left(\frac{c_1}{c_2}\right)$$

Die Konzentrationen unterscheiden sich um den Faktor $100 = 10^2$. Der dekadische Logarithmus von 100 ist 2. Daher beträgt die Spannung $U = 2 \cdot 0{,}059$ V = 0,118 V.

Magnetische Flussdichte
(30) Antwort D

In Mitteleuropa beträgt die magnetische Flussdichte etwa 48 µT (20 µT horizontal, 44 µT vertikal). Kernspintomographen arbeiten mit Feldern von 2–5 T.

Dia-, Para- und Ferromagnetismus
(31) Antwort A

μ_d ist ein wenig kleiner als 1, μ_p etwas größer als 1 und μ_f sehr viel größer als 1.

Das magnetische Feld

(32)

	Richtig	Falsch
Die magnetischen Feldlinien beginnen am Nordpol eines Magneten und enden am Südpol.		✗
Die magnetische Feldstärke wird in Tesla angegeben.		✗
Im inneren einer langen stromdurchflossenen Spule ist das Magnetfeld homogen.	✓	
Zwischen zwei Spulen mit dem Radius R, die sich im Abstand R gegenüberstehen ist das magnetische Feld homogen.	✓	
Die Einheit der magnetischen Feldkonstante ist $\frac{V \cdot s}{A \cdot m}$		✗
Jeder stromdurchflossene elektrische Leiter ist von einem magnetischen Feld umgeben.	✓	
Jede bewegte elektrische Ladung erzeugt ein magnetisches Feld.	✓	
Die Lorentzkraft wirkt auf alle elektrischen Ladungen.		✗
Die Einheit des magnetischen Flusses ist das Weber.	✓	

Die magnetischen Feldlinien verlaufen von N → S. Sie setzen sich im Inneren des Magneten fort. Die Feldlinien haben keinen Anfang und kein Ende, sie sind immer ringförmig geschlossen.

Die magnetische Flussdichte hat die Einheit Tesla $\left[\frac{V \cdot s}{m^2}\right]$.

Die magnetische Feldstärke H hat die Einheit $\frac{A}{m}$.

Es ist $B = \mu_0 \cdot \mu_r \cdot H$

Umgangssprachlich wird des öfteren von „… einem B-Feld der Stärke …“ gesprochen. Achten Sie daher in Aufgaben genau darauf, welches Formelzeichen angegeben ist.

Zwei kurze Spulen, die sich in einem Abstand gegenüber stehen, der gleich ihrem Radius ist, bilden ein **Helmholtz-Spulenpaar.** Das Feld zwischen ihnen ist weitestgehend homogen.
Die Lorentzkraft wirkt nur auf bewegte Ladungen.
Der magnetische Fluss ist definiert als $\Phi = A \bullet B$. Seine Einheit ist Weber, 1 Wb = 1 V · s.

Magnetfeld einer Spule

(33) Antwort A

$$B = \mu_0 \cdot \mu_r \cdot \frac{n}{l} \cdot I = 1{,}26 \cdot 10^{-6} \frac{V \cdot s}{A \cdot m} \cdot 1 \cdot \frac{500}{1\,m} \cdot 2\,A$$

$$= 1{,}26 \cdot 10^{-3} \frac{V \cdot s}{m^2} = 1{,}26\,mT$$

Lorentzkraft

(34) Antwort E

Die Anwendung der Rechte-Hand-Regel:

- Daumen in Bewegungsrichtung der Ladung,
- Zeigefinger in Richtung des Magnetfeldes,
- Mittelfinger in Richtung der der Kraft,

zeigt, dass eine positive Ladung nach oben abgelenkt wird. Es muss sich in der Abbildung somit um einen Strahl negativ geladener Teilchen handeln.
Das Myon ist ein dem Elektron verwandtes, subatomares Teilchen. Es trägt eine negative Elementarladung und hat etwa die 200-fache Masse des Elektrons. Sie müssen das Myon aber nicht kennen, um die Frage zu beantworten. Alle anderen Antwortmöglichkeiten enthalten positive oder neutrale Teilchen. Deshalb bleibt nach dem Ausschlussprinzip nur Antwort (E).

Geschwindigkeitsfilter

(35) Für ein Teilchen, das den Geschwindigkeitsfilter ohne Ablenkung passiert, kompensieren sich die durch das elektrische und das magnetische Feld ausgeübten Kräfte.

a) Die 3-Finger-Regel der rechten Hand zeigt, dass positive Teilchen durch das magnetische Feld nach oben abgelenkt werden. Das elektrische Feld muss daher eine nach unten gerichtete Kraft auf das Proton ausüben. Dazu muss die untere Kondensatorplatte negativ, die obere positiv geladen werden.
Die Richtung des E-Felds in der Abbildung ist: oben → unten.

b) Die durch das elektrische und das magnetische Feld ausgeübten Kräfte kompensieren sich.

$$q \cdot E = q \cdot v \cdot B$$

$$\frac{U}{d} = v \cdot B$$

$$B = \frac{U}{d \cdot v} = \frac{150\ V}{0{,}1\ m \cdot 4 \cdot 10^5\ m/s} = 3{,}75\ mT$$

Für $v > v_0$ überwiegt die Lorentzkraft, die Teilchen werden nach oben abgelenkt. Langsamere Teilchen $v < v_0$ werden nach unten abgelenkt.

c) Auf der Kreisbahn besteht ein Kräftegleichgewicht zwischen der Lorentzkraft und der Zentrifugalkraft.

$$q \cdot v \cdot B = m \cdot \frac{v^2}{r}$$

$$r = \frac{m \cdot v}{q \cdot B} = \frac{1{,}67 \cdot 10^{-27}\ kg \cdot 4 \cdot 10^5\ m/s}{1{,}6 \cdot 10^{-19}\ C \cdot 3{,}75 \cdot 10^{-3}\ T} = 1{,}11\ m$$

Induktion

(36) Antwort E

Die Energie des Magnetfelds der Spule ist

$$W = \frac{1}{2} \cdot L \cdot I^2.$$

Die Spule muss daher die Induktivität

$$L = \frac{2 \cdot W}{I^2} = \frac{2 \cdot 8\,J}{(2\,A)^2} = 4\,H \text{ besitzen.}$$

Die induzierte Spannung ist:

$$U = -L \cdot \frac{dI}{dt} = -4\ H \cdot \frac{(-2\ A)}{0{,}01\ s} = 800\ V$$

Transformator

(37) Antwort C

Die Sekundärspannung beträgt:

$$U_s = 50\ V \cdot \frac{2400}{600} = 200\ V$$

Der Primärstrom beträgt:

$$I_p = 2\ A \cdot \frac{2400}{600} = 8\ A$$

$$P = 200\ V \cdot 2A = 50\ V \cdot 8\ A = 400\ W$$

Da der Transformator als verlustfrei angenommen wird, ist es unerheblich, ob Sie die Leistung auf der Primär- oder Sekundärseite berechnen.

Messinstrumente

(38) Antwort D

Die Güteklasse eines Messinstruments wird in Prozent angegeben. Der Prozentwert bezieht sich auf den Skalenendwert und gibt den absoluten Fehler der Messung an.
Güteklasse 1 % und ein Messbereich von 0–100 V bedeutet für eine Spannungsmessung beispielsweise (90 ± 1) V oder (9 ± 1) V. Der relative Fehler wird für kleinere Werte größer. Die Anzeige sollte deshalb im oberen Drittel des Messbereichs liegen.

Effektivwert

(39) Antwort A

Dieser Wert kann als quadratischer Mittelwert auch berechnet werden

$$U_{eff} = \sqrt{\frac{1}{T}\int_{t}^{t+T} U_{(t)}^{\;2}\, dt}$$

Dieses Integral ist oft nicht einfach zu bestimmen. Für sinusförmige Spannungen ergibt es:

$$U_{eff} = \frac{U_0}{\sqrt{2}}$$

Oszillograf

(40)

Größe	Wert
U_0	200 V
U_{eff}	141 V
U_{ss}	400 V
f	25 Hz
T	40 ms
ω	$157\,s^{-1}$

Wechselstromwiderstände

(41) Antwort C

Der Gesamtwiderstand der Schaltung ist

$$Z = \sqrt{R^2 + \left(\omega \cdot L - \frac{1}{\omega \cdot C}\right)^2}$$

Dieser Ausdruck hat im Resonanzfall den kleinsten Wert bei

$$\omega = \frac{1}{\sqrt{L \cdot C}} \text{ bzw. } f = \frac{1}{2 \cdot \pi \cdot \sqrt{L \cdot C}}$$

Einsetzen der Werte ergibt f = 1125 Hz. Diese Rechnung ist jedoch hier nicht unbedingt erforderlich. Der Wechselstromwiderstand des Kondensators $Z_C = 1/(\omega \cdot C)$ ist sehr hoch für kleine Frequenzen und wird mit zunehmender Frequenz kleiner. Der Wechselstromwiderstand der Spule $Z_L = \omega \cdot L$ nimmt proportional mit der Frequenz zu.

Frequenzen im mittleren Bereich werden am besten durchgelassen. Somit kann auch fundiertes Raten zu Antwort (C) führen.

Phasenverschiebung

(42) Antwort E

Bei Spule und Kondensator sind Strom und Spannung um 90° phasenverschoben.

Merke: Bei der Induktivität kommt der Strom zu spät; $-\pi/2 = -90°$.

Schwingkreis

(43) Antwort B

Spule und Kondensator werden parallel geschaltet. Nun kann ein periodischer Vorgang beginnen, die Energie ist abwechselnd im elektrischen Feld des Kondensators und im magnetischen Feld der Spule gespeichert.

Elektroinstallation

(44) Antwort C

Bei Geräten mit Metallgehäuse wird der Schutzkontaktleiter mit dem Gehäuse verbunden.

KAPITEL 6 Schwingungen und Wellen

Schwingungsgleichung

(1) Antwort D

Eine Schwingung kann durch eine Sinus- oder eine Cosinusfunktion oder durch eine Kombination aus beiden dargestellt werden. Die Funktionen (1), (3) und (4) lassen sich durch geeignete Wahl des Phasenwinkels ϕ ineinander überführen.
Die Tangensfunktion stellt keine Schwingung dar.
In (2) fehlt die Zeitabhängigkeit.

Fadenpendel

(2) Antwort D

Die Schwingungsdauer eines Fadenpendels beträgt:

$$T = 2 \cdot \pi \cdot \sqrt{\frac{l}{g}}$$

Die Gravitationsbeschleunigung auf dem Mond g_m = 1,62 m/s² ist 6,055-mal kleiner als auf der Erde; $\sqrt{6} \approx 2{,}5$

Die Schwingungsdauer wird 2,5-mal größer und die Uhr wird entsprechend langsamer laufen.

Fadenpendel – Richtig oder falsch?

(3) Beim Fadenpendel …

	Richtig	Falsch
… ist die kinetische Energie im Nulldurchgang am größten.	✓	
… ist die Beschleunigung in den Umkehrpunkten gleich Null.		✗
… wird eine Energieform in eine andere umgewandelt.	✓	
… ist die Summe aus kinetischer und potenzieller Energie konstant.	✓	
… ist die Schwingungsdauer proportional zur Fadenlänge.		✗
… können negative Werte der kinetischen Energie auftreten.		✗
… können negative Werte der potenziellen Energie auftreten.	✓	

Die Beschleunigung ist in den Umkehrpunkten am größten und im Nulldurchgang gleich Null. Die Schwingungsdauer ist proportional zur Wurzel der Fadenlänge.
Die kinetische Energie kann nur Werte größer oder gleich Null annehmen. Auch die potenzielle Energie liefert im Allgemeinen nur positive Werte, weil es üblich ist, den Bezugspunkt für die Höhenangabe in den Nulldurchgang des Pendels zu legen. Wählt man aber einen höher gelegenen Referenzpunkt, würden sich rechnerisch auch negative Werte ergeben.

Federpendel

(4) Antwort D

Die Schwingungsdauer eines Federpendels beträgt:

$$T = 2 \cdot \pi \cdot \sqrt{\frac{m}{D}}$$

Damit sich der Faktor $2 \cdot \pi$ herauskürzt und T = 1,0 s wird, muss D den Wert $4 \cdot \pi^2$ annehmen.

Gedämpfte Schwingung

(5) Antwort C

Bei der gedämpften Schwingung

$$Y_{(t)} = y_0 \cdot sin(\omega \cdot t + \varphi) \cdot e^{-\delta t}$$

beschreibt der Term $e^{-\delta t}$ den Abklingvorgang.
$e^{-2} = 0{,}134 \approx 0{,}14 = 14\,\%$
Es muss also $\delta \cdot 10\,s = 2$ sein. Damit ist $\delta = 0{,}2\,s^{-1}$ (C).
Die exakte Rechnung ergibt

$$\delta = \frac{-\ln(0{,}14)}{10\,s} = 0{,}1966\,s^{-1}$$

Longitudinalwellen

(6) Antwort D

Polarisation ist nur bei transversalen Wellen möglich.

Wellen – Richtig oder falsch?

(7) Wellen …

	Richtig	Falsch
… benötigen immer ein Medium, in dem sie sich ausbreiten.		✗
… sind periodische Vorgänge, die sich im Raum ausbreiten.	✓	
… transportieren Materie.		✗
… transportieren Energie.	✓	
… können Information transportieren.	✓	
… verstärken sich immer bei Überlagerung.		✗
… ändern ihre Wellenlänge an einer Phasengrenze.	✓	
Es werden Longitudinal-, Transversal- und Sagittalwellen unterschieden.		✗
Bei stehenden Wellen ist die Ausbreitungsgeschwindigkeit gleich Null.		✗

Nicht alle Wellenarten benötigen ein Ausbreitungsmedium. Elektromagnetische Wellen breiten sich auch im Vakuum aus.
In der Regel sind Wellen nicht mit Materietransport verbunden. Die Materie wird hin- und herbewegt, aber nicht in eine Richtung transportiert.
Interferenz ist die Überlagerung von Wellen. Hier kann sowohl eine Verstärkung als auch eine Abschwächung bzw. Auslöschung auftreten.
An der Grenze zwischen zwei Medien ändern sich die Stoffeigenschaften, sie bildet somit eine Phasengrenze. Beim Übertritt von einem Medium in ein anderes ändert sich die Ausbreitungsgeschwindigkeit c einer Welle. Es ist immer $c = \lambda \cdot f$. Die Frequenz bleibt beim Übergang konstant, die Wellenlänge ändert sich.
Sagittalwellen existieren nicht.

Punktstrahler

(8) Antwort E
Ein punktförmiger Strahler sendet isotrop, d. h. gleichmäßig in alle Raumrichtungen. Die Sendeleistung verteilt sich auf eine Kugelschale mit der Oberfläche $O = 4 \cdot \pi \cdot r^2$.

$$\rho = \frac{3142\,W}{4\cdot\pi\cdot(5\,m)^2} \approx \frac{1000\cdot\pi\,W}{4\cdot\pi\cdot 25\,m^2} = 10\frac{W}{m^2}$$

Das **quadratische Abstandsgesetz,** die Proportionalität zu $1/r^2$, gilt bei jedem punktförmigen Strahler, ob Schall- oder Lichtquelle oder radioaktives Präparat, und wird deshalb immer wieder gerne gefragt.

Stehende Wellen

(9) Antwort E
Die Grundschwingung der stehenden Welle ist $l = \frac{\lambda}{2}$, dies ist hier für $\lambda = 4{,}0$ m erfüllt (1).
Oberschwingungen treten für ganzzahlige Vielfache der halben Wellenlänge auf:

$$l = n \cdot \frac{\lambda}{2}$$

Diese Bedingung ist erfüllt für $\lambda = 1{,}0$ m ($n = 4$) (3) und $\lambda = 0{,}4$ m ($n = 10$) (5).

Schall

(10) Antwort D
Als **Schall** wird der Bereich 20 Hz–20 kHz definiert. Unabhängig davon, dass das Hörvermögen des durchschnittlichen Erwachsenen schon deutlich unterhalb der oberen Grenze dieses Bereichs endet.

Schallgeschwindigkeit

(11) Antwort D
Der Schallimpuls legt auf dem Hin- und Rückweg insgesamt $2 \cdot 17$ m $= 34$ m zurück.
Bei Raumtemperatur beträgt die Schallgeschwindigkeit in der Luft etwa 340 m/s.

$$t = \frac{34\,m}{340\,m/s} = 0{,}1\,s = 100\,ms$$

Lassen sie sich nicht durch die Angabe der Frequenz verwirren, Sie benötigen sie zur Lösung der Aufgabe nicht.

Ultraschall

(12) Antwort B

Das Auflösungsvermögen ist etwa gleich der Wellenlänge des Ultraschalls. Sofern in einer Aufgabe keine exaktere Angabe erfolgt, wird in Wasser und im Körpergewebe mit einer Schallgeschwindigkeit c = 1500 m/s gerechnet.

$$f = \frac{c}{\lambda} = \frac{1500\,m/s}{5 \cdot 10^{-4}\,m} = 3 \cdot 10^{6}\,s^{-1} = 3\,MHz$$

Selbstverständlich erreichen sie das gewünschte Auflösungsvermögen auch mit den höheren Frequenzen. Allerdings sinkt mit steigender Frequenz die Eindringtiefe des Ultraschalls, sodass auch in der diagnostischen Praxis (B) die richtige Wahl wäre.

Phonskala

(13) Antwort D

Das **Phon** ist eine Einheit der Psychoakustik. Die spektrale Empfindlichkeit des Gehörs wird berücksichtigt. Der Wert in Phon gibt Schallpegel eines als gleich laut empfundenen Sinustons von 1000 Hz an. Bei 1000 Hz gleichen sich die Werte der Phon- und dB-Skala.

Schalldruck

(14) Antwort D

Der Schallpegel ist ein relativer Wert, der sich immer auf einen Referenzwert bezieht. Wenn keine Referenz angegeben ist, rechnen wir mit der Empfindlichkeitsschwelle des Gehörs von
20 µPa = $2 \cdot 10^{-5}$ Pa.

$$L = 20 \cdot log_{10}\left(\frac{P}{P_0}\right) = 20 \cdot log_{10}\left(\frac{2\,Pa}{2 \cdot 10^{-5}\,Pa}\right) = 100\,dB$$

Doppler-Effekt

(15) Antwort B

Die **Doppler-Verschiebung** für den Schall bei ruhendem Beobachter und bewegter Quelle ist

$$f = f_0 \cdot \frac{1}{1 \mp \frac{v}{c}}$$

Hier gilt das Minuszeichen, wenn sich der Sender auf den Empfänger zu bewegt.
Die Lösung dieser Aufgabe muss nicht berechnet werden, sondern lässt sich gut abschätzen. 120 km/h sind etwas mehr als 30 m/s und damit etwa $^1/_{10}$ der Schallgeschwindigkeit. Daher ist v/c ≈ 0,1 und 1/0,9 ≈ 1,1. Wir erwarten eine Erhöhung der Frequenz um etwa 10 % und das trifft nur auf Antwort (B) zu.
Die genaue Rechnung ergibt

$$f = 500\,Hz \cdot \frac{1}{1 - \frac{33{,}3\,m/s}{340\,m/s}} = 554{,}3\,Hz$$

Obwohl die Frequenzverschiebung des Schalls für bewegten Sender/ruhenden Empfänger und ruhenden Empfänger/bewegten Sender durch zwei verschiedene Formeln beschrieben wird, können wir in beiden Fällen für eine erste Schätzung von einer Änderung der Frequenz f_0 um den Prozentwert v/c ausgehen.

Isophone

(16) Antwort A

Die Phon-Skala berücksichtigt die Lautstärkeempfindung. Aufgrund der unterschiedlichen spektralen Empfindlichkeit des Gehörs werden bei verschiedenen Frequenzen unterschiedliche Schallintensitäten benötigt, um die selbe Lautstärkeempfindung auszulösen.

Pegeladdition

(17) Antwort B

Bei zwei identischen Schallquellen erhöht sich der Schallintensitätspegel gegenüber dem der einzelnen Quelle um 3 dB.

Achten Sie genau auf die Formulierung und die jeweils gefragte Größe. Die Schallintensität wird als Leistung in Watt oder W/m^2 angegeben.

Der Schalldruck wird in Pascal angegeben. Der Schalldruckpegel würde sich gegenüber der Einzelquelle um 6 dB erhöhen.

Pegeladdition

(18) Antwort B

Ohne Hilfsmittel kann der Wert abgeschätzt werden. Zwei identische Quellen mit jeweils 95 dB würden einen Gesamtpegel von 98 dB erzeugen. Der gesuchte Wert sollte zwischen 95 dB und 98 dB liegen, Antwort (B) oder (C).

Die 85 dB Quelle erzeugt nur $^1/_{10}$ der Intensität der 95 dB Quelle. Gesamtpegel sollte daher näher bei 95 dB als bei 98 dB liegen (B).

Der Gesamtintensitätspegel L aus der Addition der Einzelpegel L_1, L_2, … ist:

$$L = 10 \cdot log_{10}\left(10^{\frac{L_1}{10}} + 10^{\frac{L_2}{10}} + \ldots\right)$$

$$L = 10 \cdot log_{10}\left(10^{\frac{95\,dB}{10}} + 10^{\frac{85\,dB}{10}}\right) = 95{,}41\,dB$$

Abstandsgesetz

(19) Antwort C

Wir sehen das Triebwerk näherungsweise als einen punktförmigen Strahler an. Dann gilt das quadratische Abstandsgesetz $I \sim 1/r^2$.

Der Abstand zur Quelle wurde auf das 10-Fache erhöht, somit fällt die Intensität auf $^1/_{100}$.

Der Schallpegel ändert sich um

$$L = 10 \cdot log_{10}\left(\frac{\frac{1}{100}I}{I}\right) = 10 \cdot log_{10}\left(10^{-2}\right) = -20\,dB$$

auf 88 dB (C).

Fluglärm

(20) Die Teile a) und b) können schnell beantwortet werden, c) erfordert einige Rechenschritte mit Logarithmen, die hier ausführlicher dargestellt werden:

a) Eine Verdopplung der Intensität erhöht den Pegel um 3dB auf jetzt 85 dB.

b) Wären beide die gleichen Flugzeugtypen, würde die Schallintensität nochmals verdoppelt und der Pegel läge bei 88 dB.

Da aber 90 dB gemessen wurden, muss das zweite Flugzeug lauter sein als das Erste.

c)

$$90\,dB = 10 \cdot log_{10}\left(10^{\frac{85\,dB}{10}} + 10^{\frac{L}{10}}\right)$$

$$9 = log_{10}\left(10^{\frac{85\,dB}{10}} + 10^{\frac{L}{10}}\right)$$

$$10^9 = 10^{\frac{85\,dB}{10}} + 10^{\frac{L}{10}}$$

$$10^{\frac{L}{10}} = 10^9 - 10^{\frac{85\,dB}{10}}$$

$$log_{10}\left(10^{\frac{L}{10}}\right) = log_{10}\left(10^9 - 10^{\frac{85\,dB}{10}}\right)$$

$$\frac{L}{10} = log_{10}\left(10^9 - 10^{\frac{85\,dB}{10}}\right)$$

$$L = 10 \cdot log_{10}\left(10^9 - 10^{8,5}\right) = 88{,}35\,dB$$

Welleneigenschaften

(21) Antwort E

Elektrisches und magnetisches Feld stehen immer senkrecht zueinander. Sie bilden zusammen mit der Ausbreitungsrichtung der Welle ein **Rechts-System:**

$$\vec{x} = \vec{E} \times \vec{B}$$

Dreht man den Vektor des elektrischen Feldes auf den des magnetischen Feldes, würde sich eine Schraube mit Rechtsgewinde in Fortpflanzungsrichtung der Welle bewegen.

Elektromagnetische Strahlung

(22) Antwort B

In Beschleunigern für die Strahlentherapie kann ultraharte Röntgenstrahlung erzeugt werden, deren Wellenlänge kleiner ist als die bei der radioaktiven Umwandlung auftretende γ-Strahlung. Die in der Röntgendiagnostik verwendete Strahlung von etwa 100 keV hat jedoch eine größere Wellenlänge als γ-Strahlung.

Licht

(23) Antwort B

Grünes Licht hat eine Wellenlänge von etwa 500 nm. Das wird in der Aufgabe als bekannt vorausgesetzt.

$$f = \frac{c}{\lambda} = \frac{3 \cdot 10^{8}\ m \cdot s^{-1}}{500 \cdot 10^{-9}\ m} = 0{,}6 \cdot 10^{15}\ s^{-1} = 6 \cdot 10^{14}\ Hz$$

Photonenenergie

(24) Antwort C

Die Energie eines Photons ist:

$$W = h \cdot f = \frac{h \cdot c}{\lambda}$$

$$W = \frac{6{,}62 \cdot 10^{-34}\ J \cdot s \cdot 3 \cdot 10^{8}\ m/s}{600 \cdot 10^{-9}\ m} = 3{,}31 \cdot 10^{-19}\ J$$

Ionisierende Strahlung

(25) Antwort E

Auch weiche Röntgenstrahlung, wie bei der Mammografie verwendet (20–40 keV), zählt zu den ionisierenden Strahlungen.

Mobilfunk liegt im Bereich der Mikrowellen.

Ionisation

(26) $e \cdot U = \frac{h \cdot c}{\lambda}$

$$\lambda = \frac{h \cdot c}{e \cdot U} = \frac{6{,}62 \cdot 10^{-34}\ J \cdot s \cdot 3 \cdot 10^{8}\ m/s}{1{,}6 \cdot 10^{-19}\ C \cdot 100\ V}$$

$$= 1{,}27 \cdot 10^{-8}\ m = 12{,}7\ nm$$

Die Wellenlänge muss kleiner als 12,7 nm sein.

KAPITEL 7 Optik

Lichttechnische Einheiten

(1) Antwort B

Candela (Cd) ist die SI-Einheit der Lichtstärke. Daraus lassen sich die in der Technik verwenden Angaben für den Lichtstrom in Lumen (lm) und die Beleuchtungsstärke in Lux (lx) ableiten.

Von Normungsinstituten wurden Werte in ISO – früher gebräuchlich ASA – festgelegt, die die Empfindlichkeit von Filmen bzw. der Belichtungseinstellung von Digitalkameras angeben. Beide zählen nicht zu den lichttechnischen Einheiten.

Lichtstrom

(2) Antwort C

Ein Lumen ist 1 lm = 1/683 W = 1,464 mW

$$P_L = 1{,}464 \cdot 10^{-3} \frac{W}{lm} \cdot 300\,lm = 4{,}39\,W$$

In Datenblättern wird der Lichtstrom von Projektoren in ANSI-Lumen angegeben. Das **A**merican **N**ational **S**tandards **I**nstitute legt die Standardbedingungen für die Messung dieses Wertes fest.

Beleuchtungsstärke

(3) Antwort C

Die Beleuchtungsstärke gibt den auf einer Fläche eintreffenden Lichtstrom an, 1 lx = 1 lm/m^2.

Bei einem Abstrahlwinkel von 90° strahlt die LED 45° nach jeder Seite und leuchtet damit in 2 m Entfernung eine kreisförmige Fläche mit einem Radius von ebenfalls 2 m aus. Der Flächeninhalt beträgt $4 \cdot \pi$ m^2 ≈ 12 m^2. Die Beleuchtungsstärke lässt sich abschätzen zu 500 lm/12 m^2 ≈ 40 lx (B).

Die genaue Rechnung ergibt:

$$\phi_L = \frac{500\,lm}{\pi \cdot (2m)^2} = 39{,}8\,lx$$

Lichtmessung

(4) Antwort A

Alle genannten Methoden kommen zum Einsatz.

Laser

(5) Antwort C

Das Licht eines Lasers hat nur eine einzige Wellenlänge, es ist **monochromatisch.**

Kohärenz bedeutet Phasengleichheit, d. h. alle Wellenzüge schwingen im „Gleichtakt".

Es gibt gepulste Laser, aber auch solche, die einen kontinuierlichen Strahl liefern.

UV- und Infrarotlaser können mit dem menschlichen Auge nicht wahrgenommen werden.

Photoeffekt

(6) Für die theoretische Beschreibung des Photoeffektes – und nicht für Relativitätstheorie – hat seinerzeit Albert Einstein den Nobelpreis erhalten.

Die **Einstein-Gleichung** beschreibt die Energiebilanz:

$$W_{\text{Photon}} = W_{\text{Austritt}} + W_{\text{kin, Elektron}}$$

$$h \cdot f = W_a + W_{kin}$$

$$W_{kin} = \frac{h \cdot c}{\lambda} - W_a$$

$$W_{kin} = \frac{6{,}62 \cdot 10^{-34}\,J \cdot s \cdot 3 \cdot 10^8\,\frac{m}{s}}{450 \cdot 10^{-9}\,m} - 1{,}6 \cdot 10^{-19}\,C \cdot 1{,}5\,V$$

$$= 2{,}01 \cdot 10^{-19}\,J$$

Aus der kinetischen Energie des Elektrons kann seine Geschwindigkeit berechnet werden:

$$v = \sqrt{\frac{2 \cdot W_{kin}}{m}} = \sqrt{\frac{2 \cdot 2{,}01 \cdot 10^{-19}\,J}{9{,}1 \cdot 10^{-31}\,kg}} = 6{,}65 \cdot 10^5\,\frac{m}{s}$$

Laser

(7) Das Akronym LASER steht für Light Amplifikation by Stimulated Emission of Radiation. Im Laser wird Licht zwischen zwei Spiegeln hin und her geworfen. Auf seinem Weg regt es angeregte Atome zur Emission eines Photons an. Das emittierte Photon ist phasengleich zu dem anregenden Photon. Beide schwingen im Gleichtakt, sie sind kohärent.
Einer der Spiegel ist halbdurchlässig, damit kann das Licht den Laser verlassen.
Der Laser sendet monochromatisches Licht aus, d. h. es hat nur eine bestimmte Wellenlänge.
Die Wellenlänge des Laserlichts kann im sichtbaren Bereich liegen, aber auch im Infrarot oder Ultraviolett.
Einige Laser senden kurze Lichtimpulse, andere Bauarten einen kontinuierlichen Strahl.

Reflexion

(8) Antwort B
Ein ebener Spiegel vergrößert oder verkleinert das Bild nicht. Das Bild scheint in der gleichen Entfernung hinter dem Spiegel zu stehen wie das abgebildete Objekt vor dem Spiegel.

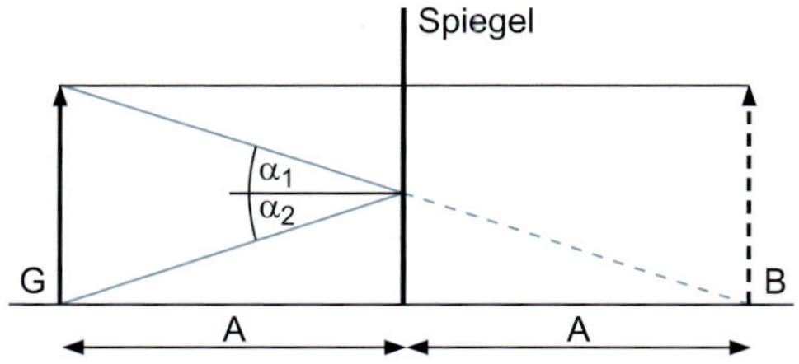

Der Abstand zwischen Gegenstand und Bild beträgt somit das Doppelte des Abstands des Gegenstands zur Spiegelebene.
Antwort (A) kann nach dem Ausschlussprinzip nicht zutreffen, wenn Antwort (B) richtig ist.
Das Bild am Spiegel ist seitenrichtig. Ihr Spiegelbild steht nicht auf dem Kopf wie das reelle Bild einer Projektionslinse. Ihre linke Hand – vielleicht tragen Sie dort eine Armbanduhr – sehen Sie auf der linken Seite des Bildes. Steht ihnen andererseits eine reale Person gegenüber, sehen Sie deren linken Arm auf Ihrer rechten Seite. Text sehen Sie im Spiegelbild in der umgekehrten Leserichtung.
Die Klassifizierung seitenrichtig/seitenverkehrt führt deshalb oft zu Missverständnissen.

Merke: Wenn Sie am Fußende des OP-Tisches stehen und Ihrem Patienten seinen linken diabetischen Fuß amputieren wollen, dann ist das der auf *Ihrer* rechten Seite.

Dispersion

(9) Antwort B
Der Begriff **Dispersion** bezeichnet die Wellenlängenabhängigkeit der Brechzahl eines Mediums. Blaues Licht wird stärker gebrochen als rotes Licht, d. h. der Brechungsindex ist für blaues Licht etwas größer als für Rotes.
In der Atmosphäre wird blaues Licht stärker gestreut als rotes Licht. Dieses Phänomen wird als **Raleigh-Streuung** bezeichnet.
Wenn Licht seine Polarisationsrichtung mit dem Fortlaufen der Welle dreht, ist es **zirkular polarisiert.**

Chromatische Korrektur

(10) Antwort D
In Objektiven werden Linsen verschiedener Glassorten – meist Kron- und Flintglas, eingesetzt, die sich in Ihrer Dispersion unterscheiden und somit Farbfehler – die chromatische Aberration – korrigieren.
Bei **Achromaten** haben zwei Wellenlängen (rot und blau) die gleiche Brennweite.
Apochromaten sind für drei Wellenlängen (rot, grün, blau) korrigiert (D). Ihr Aufbau ist deutlich komplexer als der achromatischer Objektive. Daher sind Apochromaten bei sonst gleichen Daten auch zwei- bis dreimal so teuer wie Achromaten.
Ein für 4 Wellenlängen korrigiertes Objektiv (E) herzustellen, wäre extrem aufwändig und würde gegenüber den Apochromaten nur noch marginale Verbesserungen der Abbildungsqualität liefern, deshalb werden solche Objektive nicht hergestellt.
Ein Objektiv, das nur eine Wellenlänge korrekt abbildet (B), wäre chromatisch überhaupt nicht korrigiert. Das Bild würde Farbsäume aufweisen und wäre damit in seiner Qualität unbefriedigend.

Licht und Materie

(11) Antwort B
Die Brechzahl von Wasser n = 1,33 wird hier als bekannt vorausgesetzt.

$$\lambda = \frac{\lambda_0}{n} = \frac{665\,nm}{1{,}33} = 500\,nm$$

Das Licht wird unter Wasser immer noch als Rot wahrgenommen. Die Farbempfindung hängt von der Energie der der empfangenen Photonen ab und damit von ihrer Frequenz.

Brechungsindex

(12) Die Zuordnung ist:

Material	n
Diamant	2,42
Luft	1,00
Flintglas	1,61
Kronglas	1,51
Wasser	1,33

Die angegebenen Werte beziehen sich auf eine Wellenlänge von $\lambda = 500\,nm$.
Flintglas und Kronglas sind die meist verwendeten optischen Gläser. Flintglas hat einen höheren Anteil an Bleioxid. Die Dispersion von Flintglas ist höher als die von Kronglas. Das unterschiedliche Dispersionsverhalten wird zur Korrektur der chromatischen Aberration von Objektiven genutzt.
Die Abbe-Zahl ist ein Maß für die Dispersion eines Materials. Ein kleinerer Wert bedeutet eine höhere Dispersion. Gläser mit einer Abbe-Zahl > 50 werden den Krongläsern zugerechnet, bei Werten < 50 den Flintgläsern.

Wasserspiele

(13) Der Scheinwerfer beleuchtet eine kreisförmige Fläche. Er strahlt nach beiden Seiten des Lotes mit einem Winkel von 60° ab. Aber nicht alle Lichtstrahlen, die die Wasseroberfläche von unten treffen, können das Wasser verlassen.
Beim Übergang vom optisch dichteren in ein dünneres Medium tritt ab einem bestimmten Grenzwinkel Totalreflexion auf.

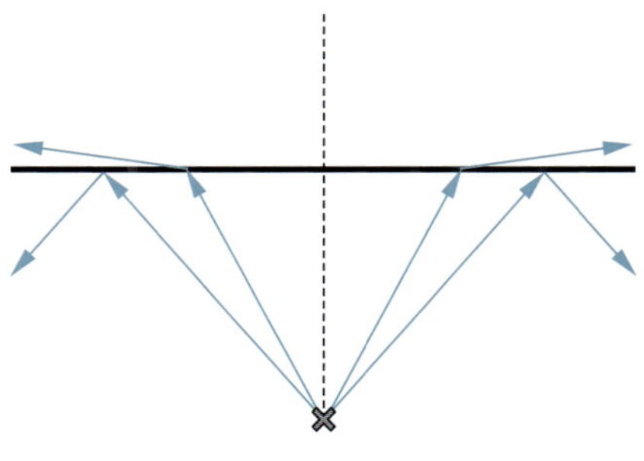

Die Grenze ist erreicht, wenn die gebrochenen Strahlen parallel zur Wasseroberfläche verlaufen würden.

$$1{,}5 \cdot \sin\alpha = 1{,}0 \cdot \sin 90^\circ$$

$$\alpha = arcsin\left(\frac{1{,}0}{1{,}5} \cdot 1\right) = 48{,}8^\circ$$

Der Radius der sichtbaren Fläche ist:

$$r = 2\,m \cdot \tan 48{,}8^\circ = 2{,}28\,m$$

Damit ist die Fläche:

$$A = \pi \cdot (2{,}28\,m)^2 = 16{,}34\,m^2$$

Lichtbrechung

(14) Antwort C
Die Frage lässt sich sofort und ohne Rechnung beantworten. Beim Übergang vom optisch dünneren ins optisch dichtere Medium wird der Lichtstrahl zum Einfallslot hin gebrochen (C). Er wird jedoch niemals über das Lot hinweg gebrochen (A) und erreicht dieses auch nicht (B). Der gesuchte Winkel muss kleiner sein als 45°, in (E) würde die Brechung vom Einfallslot weg erfolgen.
Selbstverständlich kann der Winkel auch berechnet werden:

$$n_1 \cdot \sin\alpha_1 = n_2 \cdot \sin\alpha_2$$

$$\alpha_2 = arcsin\left(\frac{n_1}{n_2} \cdot \sin\alpha_1\right) = arcsin\left(\frac{1{,}0}{1{,}5} \cdot \sin 45^\circ\right) = 28{,}13^\circ$$

Abbildungen

(15) Antwort D
Eine Linse muss nicht auf beiden Seiten gleich geschliffen sein. Die Krümmungsradien und damit links- und rechtseitige Brennweiten können unterschiedlich sein.
Die bikonvexe Linse (1) ist auf beiden Seiten konvex gekrümmt. Sie ist die klassische Sammellinse, die symmetrisch gebaut typischerweise in Aufgaben zugrunde gelegt wird.
Eine bikonkave Linse (2) ist eine Zerstreuungslinse. Sie kann alleine keine Abbildung erzeugen.

Bei der konvex-konkaven Linse (3) ist eine Seite konvex, die andere konkav gekrümmt. Wenn die konvexe Seite den höheren Brechwert hat, fungiert die Linse insgesamt als Sammellinse.
Der sphärische Hohlspiel (4) und der Parabolspiegel (5) können Abbildungen erzeugen. Hier sind ebenfalls die Linsenformeln anwendbar. Der Vorteil des Parabolspiegels gegenüber dem sphärischen Spiegel ist, dass auch weiter von der optischen Achse entfernte Strahlen besser abgebildet werden.

Brennweite

(16) Antwort B
Das Objektiv kann gedanklich durch eine Linse gleicher Brennweite ersetzt werden. Eine Linse der Brennweite 40 mm hat die Brechkraft:

$$\phi = \frac{1}{f} = \frac{1}{0{,}04\,m} = 25\,dpt$$

Für eine Brennweite von 50 mm liegt die Brechkraft bei $\frac{1}{0{,}05\,m} = 20\,dpt.$
Die Brechwerte hintereinander geschalteter Linsen addieren sich. Somit hat die Vorsatzlinse –5 dpt, es handelt sich also um eine konkave Linse mit der Brenneweite:

$$f = \frac{1}{-5\,m^{-1}} = -0{,}2\,m = -20\,cm$$

Da der Brechwert von Zerstreuungslinsen als negative Dioptrienzahl angegeben wird, ist hier formal die Brennweite ebenfalls negativ angegeben.

Brechkraft

(17) Antwort A
Die Stärke der Lichtbrechung hängt vom Unterschied der Brechungsindizes der benachbarten Medien ab. Er reduziert sich von 1,5–1,0 in Luft auf 1,5–1,33 in Wasser. Die Brechkraft der Linse wird kleiner (A).
Ihre Brechkraft würde auf null reduziert, wenn sie in ein Medium mit dem gleichen Brechungsindex wie das Linsenmaterial getaucht würde (D).
Hätte die umgebende Flüssigkeit einen höheren Brechungsindex als die Linse, würde das Licht von Einfallslot weg gebrochen. Die Linsencharakteristik würde sich umkehren und aus der Sammellinse würde eine Zerstreuungslinse (E).

Wo ist das Bild?

(18) Antwort B
Die von einem Punkt des Gegenstands ausgehenden Strahlen verlassen die Linse auf der gegenüberliegenden Seite parallel.
Das Bild lässt sich zeichnerisch nicht konstruierten, die Verlängerungen der Strahlen schneiden sich im Unendlichen. Es entsteht dennoch ein virtuelles Bild mit der Bildweite b = ∞. Das sind genau die Abbildungsverhältnisse an der Lupe. Der betrachtete Gegenstand wird in der Brennebene der Lupe positioniert. Das Auge des Betrachters ist auf unendliche Entfernung akkomodiert.

Sehen im Alter

(19) Antwort B
Bei der **Presbiopie** kann das Auge nicht mehr auf kurze Entfernung akkommodieren. Zur Korrektur muss die Brechkraft erhöht werden. Dies geschieht mit einer Linse mit positiver Dioptrienzahl, d. h. mit einer Sammellinse.
Ein zylindrischer Schliff wird bei **Astigmatismus** benötigt.
Mehrstärkengläser bestehen aus Segmenten mit unterschiedlichem Brechwert. Bei Gleitsichtgläsern erfolgt der Übergang zwischen diesen Segmenten kontinuierlich. Für die Presbiopie alleine sind Mehrstärkengläser nicht notwendig. Sie kommen dann zur Anwendung, wenn zusätzlich noch ein weiterer Sehfehler, z. B. Myopie, korrigiert werden soll.

Größere Bilder
(20)

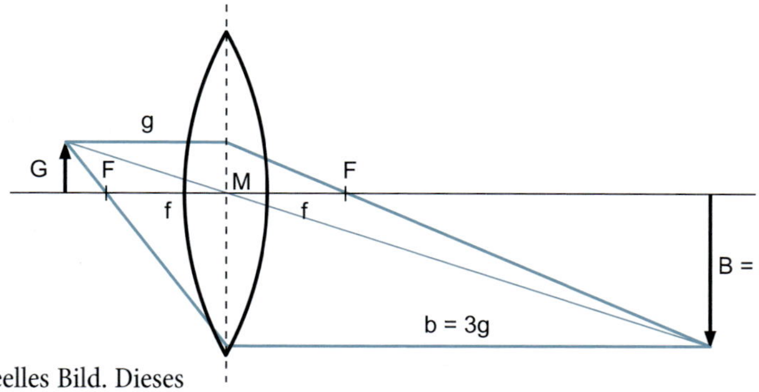

Die Linse hat die Brennweite:

$$f = \frac{1}{8\ m^{-1}} = 0{,}125\ m = 12{,}5\ cm$$

Bei einer Projektion entsteht ein reelles Bild. Dieses steht gegenüber dem Gegenstand auf dem Kopf.

Die 3-fache Vergrößerung bedeutet B = 3 · G.
Jetzt können die Linsenformeln angewendet werden.

$$\frac{g}{b} = \frac{G}{3 \cdot G}$$

Es muss also auch b = 3 · g sein.

$$\frac{1}{f} = \frac{1}{g} + \frac{1}{3 \cdot g} = \frac{3}{3 \cdot g} + \frac{1}{3 \cdot g} = \frac{4}{3 \cdot g}$$

Damit ist der Abstand des Objekts zur Linse, die Gegenstandsweite,

$$g = \frac{4}{3} \cdot f = 16{,}7\,cm$$

Das Bild entsteht in der Entfernung:

$$b = 3 \cdot g = 50\,cm$$

Lupe
(21) Die Lupe erzeugt ein virtuelles Bild. Auch hier können die Linsenformeln angewendet werden. Bei einem virtuellen Bild liefern die Linsenformeln negative Werte für die Bildgröße B und die Bildweite b. Man kann das Vorzeichen auch so verstehen, dass eigentlich ein reelles Bild erwartet wird, und das negative Vorzeichen sagt, dass das virtuelle Bild auf der anderen Seite der Linse entsteht und nicht umgekehrt, sondern aufrecht steht.

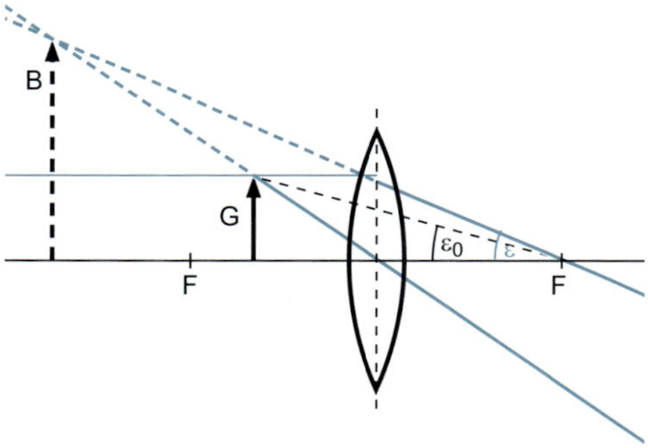

Damit die Linsenformeln beim virtuellen Bild korrekte Ergebnisse liefern, müssen die Werte mit dem negativen Vorzeichen eingesetzt werden.
Die 4-fache Vergrößerung bedeutet dann B = –4 · G.

$$\frac{g}{b} = \frac{G}{-4 \cdot G}$$

Somit ist b = –4 · g = –8 cm.

$$\frac{1}{f} = \frac{1}{g} - \frac{1}{4 \cdot g} = \frac{4}{4 \cdot g} - \frac{1}{4 \cdot g} = \frac{3}{4 \cdot g}$$

$$f = \frac{4}{3} \cdot g = 2{,}67\ cm$$

Hohlspiegel

(22)

Die Lupe hat $\phi = \frac{1}{0{,}0267\ m} = 37{,}5\ dpt$

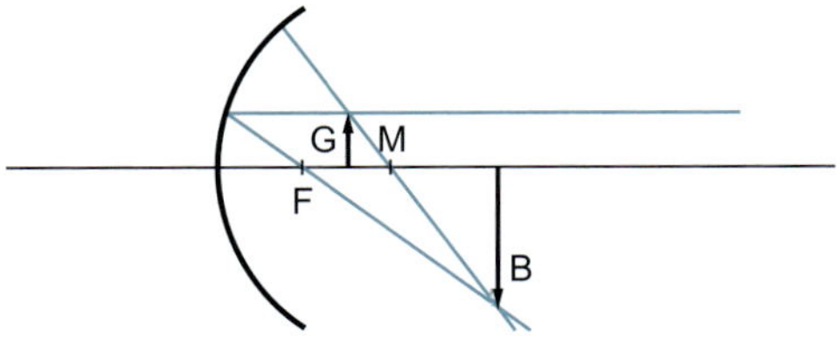

Die Linsenformeln können auch beim sphärischen Hohlspiegel angewendet werden.
Die Mitte zwischen Brennpunkt F und Krümmungsmittelpunkt M ist $g = \frac{3}{2} \cdot f$ von der Spiegelfläche entfernt.

$$\frac{1}{b} = \frac{1}{f} - \frac{2}{3 \cdot f} == \frac{3}{3 \cdot f} - \frac{2}{3 \cdot f} = \frac{1}{3 \cdot f}$$

Das Bild entsteht im Abstand

$$b = 3 \cdot f = 2 \cdot g$$

Damit ist auch B = 2 · G, das Bild ist 2-fach vergrößert.

Mikroskop

(23) Antwort A

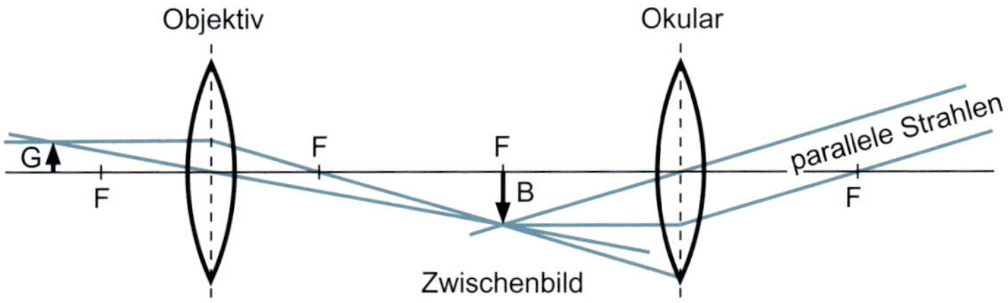

Das Objektiv projiziert ein reelles Bild. Dieses Zwischenbild wird mit dem okular betrachtet, das dabei als Lupe fungiert und ein virtuelles Bild erzeugt.

Das Bild wird nur einmal gedreht. Das Mikroskop erzeugt daher ein umgekehrtes Bild.

Die Vergrößerungen von Okular und Objektiv multiplizieren sich.

Es ist zwar meist die Vergrößerung des Objektivs größer als die des Okulars, jedoch ist dies keine notwendige Voraussetzung.
Das Auflösungsvermögen U = 1/d ist der Kehrwert des kleinsten Abstands d, bei dem zwei Punkte noch getrennt dargestellt werden können.

$$d = \frac{\lambda}{n \cdot \sin\alpha}$$

n ist der Brechungsindex des Mediums zwischen Objekt und Objektiv, α dessen Öffnungswinkel. Der Ausdruck n · sinα ist die **numerische Apertur.** Die Vergrößerung der numerischen Apertur, etwa durch ein Immersionsöl zwischen Objekt und Objektiv, erhöht somit das Auflösungsvermögen (A).

Dispersion

(24) Antwort B

Das violette Licht hat die kürzeste Wellenlänge.

Der Brechungsindex eines Mediums ist abhängig von der Frequenz bzw. Wellenlänge des Lichtes. Im Allgemeinen steigt der Brechungsindex mit der Frequenz. Kurzwelliges Licht wird deshalb stärker gebrochen als langwelliges.

Huygens-Prinzip

(25) Antwort C

Aussage (C) wurde von Christiaan **Huygens** formuliert und ist nach ihm benannt. Aber auch die anderen aufgeführten Aussagen sind inhaltlich richtig. (A) ist das **Fermat-Prinzip.**

Interferenz

(26) Antwort C

Wenn zwei Wellenzüge um ein ungerades Vielfaches der halben Wellenlänge gegeneinander verschoben sind, trifft das Maximum der einen auf das Minimum der anderen Welle.

Das ist hier bei $\Delta x = 900\,\text{nm} = \frac{3}{2}\,\lambda$ der Fall.

Polarisation

(28) Licht kann wie alle transversalen Wellen polarisiert werden. Polarisiertes Licht schwingt nur in einer Richtung senkrecht zur Ausbreitungsrichtung. Die Polarisationsrichtung ist die Richtung des elektrischen Feldes.

Licht kann polarisiert werden durch Streuung an kleinen Teilchen, Reflexion an einer Oberfläche oder Doppelbrechung in optisch anisotropen Medien.

Dichroitische Kristalle spalten das unpolarisierte Licht nicht nur in zwei Polarisationsrichtungen auf, sondern schwächen beide Strahlen unterschiedlich ab.

Aus diesen Materialien lassen sich Polarisationsfolien herstellen, die nur eine Schwingungsrichtung durchlassen.

Ein in der Analytik verwendetes optisches Instrument ist das Polarimeter. Eine Messküvette befindet sich zwischen zwei Polarisationsfiltern. Der Erste polarisiert das Licht. Befindet sich in der Küvette eine optisch aktive Substanz, dreht sie die Polarisationsebene des Lichtes. Dies wird mit dem zweiten, drehbaren Filter, dem Analysator festgestellt.

Optisches Gitter

(27) Ein Gitterspektrometer ermöglicht eine sehr genaue Wellenlängenbestimmung.

Der Spaltabstand im Gitter ist:

$$d = \frac{0{,}01\,m}{250} = 4 \cdot 10^{-5}\,m$$

Maxima treten auf, wenn der Wegunterschied benachbarter Strahlen Δx ein Vielfaches der Wellenlänge beträgt: $\Delta x = n \cdot \lambda$.

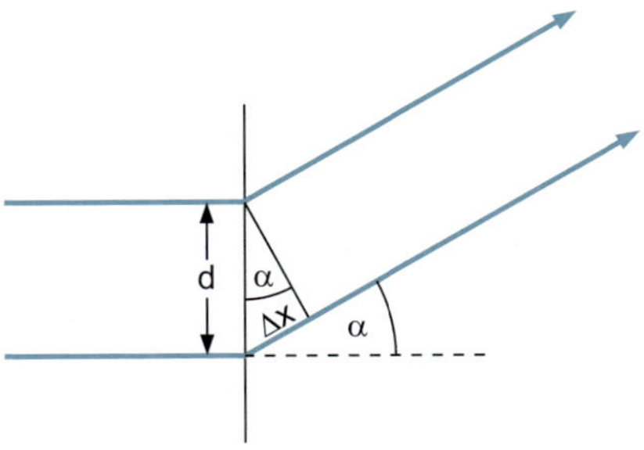

$$\sin\alpha = \frac{n \cdot \lambda}{d}$$

Gemessen wurde das Interferenzmaximum 5. Ordnung

$$\lambda = \frac{\sin(4{,}2°) \cdot 4 \cdot 10^{-4}\,m}{5} = 585{,}9\,nm$$

Mikroskope

(29) Antwort E

Je kleiner der Abstand d zweier Punkte ist, die noch als getrennt abgebildet werden können, desto höher ist das Auflösungsvermögen eines optischen Instrumentes.

Das Fluoreszenzmikroskop ist ein Lichtmikroskop, das zur Darstellung von Fluoreszenzfärbungen zusätzlich über Farbfilter verfügt. Beim Lichtmikroskop ist d ≈ 0,2 µm.

Eine höhere Auflösung erreicht das Röntgenmikroskop mit d ≈ 25 µm.

Bei den Elektronenmikroskopen erreicht das Transmissionselektronenmikroskop (d ≈ 1 nm) ein höheres Auflösungsvermögen als das Rasterelektronenmikroskop (d ≈ 10 nm).

Die kleinsten Strukturen (d ≈ 0,1 nm) erkennt das Rastertunnelelektronenmikroskop.

Lambert-Beer-Gesetz

(30) Antwort E

Das **Gesetz von Lambert-Beer** gibt die Extinktion E an und ist eine lineare Gleichung.

Gemessen wird aber die Transmission:

$$T = \frac{I}{I_0}$$

über die dann die Extinktion definiert wird:

$$E = -log\left(\frac{I}{I_0}\right)$$

Mit dem Gesetz von Lambert-Beer wird daraus:

$$\epsilon_m \cdot c \cdot d = -log\left(\frac{I}{I_0}\right)$$

$$\frac{I}{I_0} = 10^{-\epsilon_m \cdot c \cdot d}$$

$$T = \frac{I}{I_0} = e^{-\ln(10 \epsilon_m \cdot c \cdot d)}$$

Die Transmission nimmt somit exponentiell mit der Schichtdicke und auch exponentiell mit der Konzentration ab.

Am Photometer kann direkt der Wert der Extinktion abgelesen werden, sodass der Bediener diesen nicht aus der geräteintern gemessenen Transmission errechnen muss.

Auch ohne diese kurze mathematische Herleitung kann direkt auf Antwort (E) geschlossen werden: Bei Absorption beim Durchgang durch Materie gilt immer das **exponentielle Schwächungsgesetz,** ob es sich nun wie hier um die Absorption des Lichtes oder z. B. um die Schwächung ionisierender Strahlung handelt.

Photometer

(31) Antwort B

$Log_{10}(100) = 2$, es wird 1 % der eingestrahlten Intensität registriert.

$$2 = -log\left(\frac{I}{I_0}\right)$$

$$10^{-2} = \frac{I}{I_0}$$

$$I = \frac{1}{100} \cdot I_0$$

Photometrie

(32) Antwort E

Das Licht wird nicht nur von dem untersuchten Stoff, sondern auch vom Lösungsmittel und der Mess-Küvette absorbiert. Dies wird durch Messung des Referenzwertes I_0 berücksichtigt. Werden Eigenschaften der Küvette oder des Lösungsmittels verändert, muss der Nullabgleich erneut durchgeführt werden.

Eine Änderung der Wellenlänge führt zu anderen Werten, denn die meisten Stoffe absorbieren nur einen bestimmten Spektralbereich des Lichtes.

Sofern das Photometer über mehrere Messbereiche verfügt, wird damit die Skalierung der Anzeige umgeschaltet. Das beeinflusst die Ablesung der Anzeige, hat aber keinen Einfluss auf die gemessene Intensität I.

KAPITEL

8 Ionisierende Strahlung

Radioaktivität

(1) Radioaktivität ist die intrinsische Eigenschaft eines Atomkerns, sich spontan unter Aussendung von Strahlung in den eines anderen Elementes umzuwandeln.
Jedes Element hat verschiedene Isotope, einige davon sind stabil, andere radioaktiv.
Wann ein radioaktives Nuklid zerfällt, lässt sich weder vorhersagen noch durch chemische oder physikalische Bedingungen beeinflussen. Es kann nur statistisch für eine mittlere Lebensdauer des Nuklids angegeben werden. Nach der mittleren Lebensdauer sind noch 37 % der Atome vorhanden, d. h. 63 % sind zerfallen.
Mit der mittleren Lebensdauer hängt die Halbwertszeit $t_{1/2}$ zusammen, nach der die Hälfte der ursprünglich vorhandenen Kerne zerfallen ist. Nach einer weiteren Halbwertszeit ist von der verbliebenen Hälfte wieder die Hälfte zerfallen usw.
In Nukliden mit einem Neutronenüberschuss wandelt sich ein Neutron in ein Proton und ein Elektron um. Das Elektron wird emittiert.
Bei einem Protonenüberschuss wandelt sich ein Proton in ein Neutron und ein Positron um. Das Positron ist das Antiteilchen des Elektrons.
In schweren Kernen finden sich 2 Protonen und 2 Neutronen zu einem besonders stabilen Gebilde zusammen, dem α-Teilchen. Dieses wird aus dem Kern emittiert, der damit seine Massenzahl um 4 und seine Ordnungszahl um 2 vermindert.
In der Regel befindet sich der neu entstandene Tochterkern in einem angeregten Zustand. Beim Übergang in den Grundzustand wird diese Anregungsenergie als γ-Strahlung abgegeben.

Zerfallsgesetz

(2) Antwort B
Im **Gesetz des radioaktiven Zerfalls**

$$N_{(t)} = N_0 \cdot e^{-\lambda \cdot t}$$

besteht zwischen der Zerfallskonstante λ und der mittleren Lebensdauer τ die Beziehung:

$$\tau = \frac{1}{\lambda}$$

Die Zerfallskonstante hängt auch mit der Halbwertszeit $t_{1/2}$ zusammen:

$$\lambda = \frac{\ln(2)}{t_{1/2}}$$

Die mittlere Lebensdauer eines Kerns ist größer als die Halbwertszeit des Nuklids, da einige von den nach einer Halbwertszeit noch vorhandenen Kernen noch viele weitere Halbwertszeiten leben.

$$t_{1/2} = ln(2) \cdot \tau$$

$$\tau = 1{,}44 \cdot t_{1/2}$$

Aktivität

(3) Antwort E
Im internationalen Einheitensystem wird die Aktivität als die Anzahl der Zerfälle pro Sekunde in der Einheit **Becquerel** angegeben, 1 Bq = 1 s^{-1}. Davor wurden Aktivitäten in Curie angegeben. Ein **Curie** ist die Aktivität von 1 g ^{226}Ra, 1 Ci = 3,7 · 10^{10} = 226 gBq.
Das **Gray** ist die Einheit der Energiedosis, 1 Gy = 1 J/kg, mit einem Qualitätsfaktor für die jeweilige Strahlenart multipliziert, wird daraus die Einheit **Sievert** für die im Strahlenschutz wichtige Äquivalentdosis.
Das **Röntgen** ist eine ältere Einheit der Ionendosis, 1 R = 2,58 · 10^{-4} C/kg.

Lösungen

Radium

(4) a) 1 g Radium enthält

$$N_0 = \frac{1\,g}{226{,}02\,g/mol} \cdot \frac{6{,}023 \cdot 10^{23}}{mol} = 2{,}66 \cdot 10^{21}$$

Atome.

Die Aktivität lässt sich als Ableitung des Zerfallsgesetzes ausdrücken:

$$A_{(t)} = \frac{dN_{(t)}}{dt} = -\lambda \cdot N_0 \cdot e^{-\lambda \cdot t}$$

Daher ist der Betrag der anfänglichen Aktivität $A = \lambda \cdot N_0$ und damit:

$$\lambda = \frac{3{,}7 \cdot 10^{10}\ s^{-1}}{2{,}66 \cdot 10^{21}} = 1{,}39 \cdot 10^{-11}\,s^{-1}$$

Die mittlere Lebensdauer ist:

$$\tau = \frac{1}{\lambda} = 7{,}19 \cdot 10^{10}\,s = 2278{,}1\ a$$

und die Halbwertszeit:

$$t_{1/2} = \ln(2) \cdot \tau = 4{,}98 \cdot 10^{10}\,s = 1579{,}2\ a$$

b) 15 Monate sind 1,25 Jahre:

$$\frac{N}{N_0} = e^{-\frac{ln 2}{1579{,}2\ a} \cdot 1{,}25\ a} = 0{,}99945$$

Es sind noch 99,945 % der ursprünglichen Substanzmenge vorhanden, nur etwa 5,5 mg sind zerfallen.

c) Für schwere Nuklide ist der α-Zerfall eine häufig vorkommende Zerfallsart. Das ist auch hier der Fall, $^{226}_{88}Ra$ wandelt sich um in $^{222}_{86}Rn$.
Radon (Rn) ist ein radioaktives Edelgas, das selbst wieder einen α-Zerfall durchführt.

Abklingvorgang

(5) Antwort D
20 min entsprechen 10 Halbwertszeiten. Damit ist die Aktivität um den Faktor $2^{10} = 1024 \approx 1000$ gefallen auf 0,1 % des Ausgangswertes.

Strahlenarten

(6) Antwort D
Strahlung, die aus geladenen Teilchen besteht, kann durch elektrische oder magnetische Felder abgelenkt werden. Das trifft auf Ionen (1), Elektronen (2) und Protonen (4) zu.
Neutronen tragen keine Ladung.
Bei der Paarvernichtung trifft das Materie-Antimaterie-Paar Elektron und Positron aufeinander und vernichtet sich gegenseitig. Dabei werden 2 γ-Quanten erzeugt. Diese elektromagnetische Strahlung wird durch elektrische oder magnetische Felder nicht beeinflusst.

Szintigraphie

(7) Antwort A
Die Aktivität ist

$$A = \lambda \cdot N$$

$$A = \frac{1}{\tau} \cdot N = \frac{1}{3 \cdot 10^4\ s} \cdot 2 \cdot 10^9\ mol\ \ 6{,}023 \cdot 10^{23}\ mol^{+}$$
$$= 4 \cdot 10^{10}\ Bq = 40\,GBq$$

γ-Strahlung

(8) Antwort E
^{99m}Tc entsteht aus ^{99}Mo durch β^--Zerfall. Dabei wird ein Neutron in ein Proton umgewandelt und ein Elektron ausgesandt. Der Tochterkern Technetium befindet sich in einem angeregten Zustand. Dieser Zustand ist im Falle des ^{99m}Tc mit einer Halbwertszeit von 6 Stunden besonders langlebig. Beim Übergang in den Grundzustand wird ein γ-Quant ausgesandt (E). ^{99m}Tc ist deshalb ein reiner γ-Strahler, was es für die Nuklearmedizin besonders attraktiv macht.
Es gibt keinen γ-Zerfall (C).
Der k-Einfang (D) ist eine Alternative zum β^+-Zerfall. Im Kern wird ein Proton in ein Neutron umgewandelt und dazu ein Elektron aus der k-Schale eingefangen. Wenn der nun freie Elektronenplatz in der k-Schale wieder besetzt wird, wird die freigewordene Bindungsenergie als elektromagnetische Strahlung emittiert.
Beispielsweise erfolgt der Zerfall von ^{40}K in 11 % der Fälle durch k-Einfang.

α-Zerfall

(9) Antwort D

Das α-Teilchen besteht aus 2 Protonen und 2 Neutronen. Durch seine Emission nimmt die Massenzahl = Nukleonenzahl um 4 ab. Die Protonenzahl = Ordnungszahl = Kernladungszahl nimmt um 2 ab (D), ebenso die Neutronenzahl.

Effektive Halbwertszeit

(10) Antwort E

Die Aktivität eines im Körper befindlichen Nuklids nimmt ab durch seinen Zerfall mit der Halbwertszeit $t_{1/2\ phys}$ und der Ausscheidung der Substanz mit der biologischen Halbwertszeit $t_{1/2\ biol}$.
Die effektive Halbwertszeit ist

$$\frac{1}{t_{½\,eff.}} = \frac{1}{t_{½\,phys.}} + \frac{1}{t_{½\,biol.}}$$

Diese Formel entspricht der Parallelschaltung zweier Widerstände. Hier sind zwei Eliminationspfade parallel geschaltet.
Und wie bei jeder Parallelschaltung ist der Gesamtwert kleiner als der kleinste der Einzelwerte.

β-Zerfall

(11) Antwort C

Beim β^--Zerfall wandelt sich im Kern ein Neutron in ein Proton um, beim β^+-Zerfall ein Proton in ein Neutron. In beiden Fällen bleibt die Massenzahl unverändert.

Das dritte Teilchen

(12) Antwort D

Der β^--Zerfall ist ein 3-Teilchen-Zerfall. Ein Neutron zerfällt in ein Proton, ein Elektron und ein Antineutrino. Das Elektron und das Antineutrino werden emittiert. Neutrinos und ihre Antiteilchen, die Antineutrinos sind ungeladene, masselose Teilchen, die deshalb kaum nachweisbare Wechselwirkungen verursachen. Medizinisch ist die Neutrinostrahlung daher nicht von Bedeutung.

Wo beginnt es nicht?

(13) Antwort E

^{239}Pu kommt in der Natur nicht vor. Es entsteht in Kernreaktoren durch Neutronenbeschuss von ^{238}U. Plutonium-239 ist ein spaltbares Material, das meist für Kernwaffen verwendet wird.

Zerfallsreihen

(14) Antwort E

Die Anfangsnuklide der natürlichen Zerfallsreihen haben die Halbwertszeit 700 Millionen für ^{235}U, 4,5 Milliarden Jahre für ^{238}U und 14 Milliarden Jahre für ^{232}Th. Diese Nuklide waren schon bei der Entstehung der Erde vorhanden.
^{237}Np hat eine Halbwertszeit von nur 2,2 Millionen Jahren. Deshalb kann die Neptuniumreihe in der Natur nicht mehr beobachtet werden.
Die Thorium-Reihe ist mit 12 Schritten die kürzeste, die Neptunium-Reihe besteht aus 15 Schritten, die Uran-Radium- und die Uran-Actinium-Reihe aus jeweils 19.
Alle Zerfallsreihen starten mit einem α-Zerfall. Die Neptunium-Reihe endet bei Wismut (^{209}Bi), die anderen bei Blei.

Erzeugung von Röntgenstrahlung

(15) Antwort D

Wenn eine elektrische Ladung beschleunigt wird, gibt sie Energie in Form elektromagnetischer Strahlung ab. Jedes geladene Teilchen, hier Elektronen. Protonen und α-Teilchen erzeugt beim Abbremsen Strahlung, die sogenannte Bremsstrahlung.
Technisch lässt sich ein Elektronenstrahl durch Heizen einer Glühkathode einfach erzeugen. In Röntgengeräten wird die Strahlung deshalb durch Elektronen erzeugt.

Grenzwellenlänge

(16) Antwort C

Die maximale Photonenenergie, d. h. kleinste Wellenlänge wird erreicht, wenn die kinetische Energie des Elektrons beim Aufprall auf der Anode vollständig in kinetische Energie umgewandelt wird.

$$e \cdot U = \frac{h \cdot c}{\lambda}$$

$$\lambda = \frac{h \cdot c}{e \cdot U}$$

Röntgendiagnostik

(17) Antwort C

In der Röntgendiagnostik werden Energien von 60–150 keV verwendet, meist etwa 100 keV. Weiche Röntgenstrahlung im Bereich 25–35 keV wird bei der Mammografie verwendet. Energien im MeV-Bereich sind der Strahlentherapie vorbehalten.

Anodenstrom

(18) Antwort E

In modernen Röntgengeräten sind Anodenstrom und -spannung getrennt voneinander regelbar.
Ein höherer Anodenstrom bedeutet, dass mehr Elektronen auf die Anode treffen und dort auch mehr Photonen erzeugen. Es steigt die „Quantität" der Strahlung und daher die Dosisleistung der Röntgenröhre (E).
Die Strahlungsqualität bleibt dagegen unverändert. Sie wird von der Röhrenspannung beeinflusst. Bei einer Erhöhung der Röhrenspannung würde sich die Energie der Strahlung erhöhen (A) und entsprechend die minimale Wellenlänge vermindern (B). Eine energiereichere Strahlung wird als härtere Strahlung bezeichnet (D).
Die Lage der Linien der charakteristischen Röntgenstrahlung hängt nur vom Material der Anode ab (C).

Charakteristische Röntgenstrahlung

(19) Antwort B

Aus dem Material der Anode werden Elektronen herausgeschlagen. Wenn die so freigewordenen Plätze in der Elektronenhülle wieder besetzt werden, wird elektromagnetische Strahlung abgegeben. Die Bindungsenergien der Elektronen sind charakteristisch für das Anodenmaterial.

Anodenmaterial

(20) Antwort E

Nur ein sehr geringer Teil der gesamten kinetischen Energie des Elektronenstrahls wird in elektromagnetische Strahlung umgesetzt. Der weitaus größte Teil wird über Stoßvorgänge letztlich in Wärme umgesetzt. Das Anodenmaterial ist deshalb thermisch hoch belastet. Wolfram hat mit 3422 °C (3695 K) einen weit höheren Schmelzpunkt als andere Metalle. Wolfram bzw. Wolframlegierungen sind am besten als Anodenmaterial für Hochleistungsröhren geeignet.

Dosimetrie

(21) Antwort E

Die Hall-Sonde (1) dient zur Messung magnetischer Felder.
Das Pitot-Rohr (2) ist eine Staudrucksonde. Über den Staudruck wird die Strömungsgeschwindigkeit eines Gases gemessen. Das Pitot-Rohr wird als Geschwindigkeitsmesser in Luftfahrzeugen eingesetzt.
Neben den genannten Geräten Ionisationskammer, Szintillationszähler und Geiger-Müller-Zählrohr wird ionisierende Strahlung auch mit Filmdosimetern und Halbleiterzählern gemessen.

Dosisbegriffe

(22) Antwort A

Die **Energiedosis** gibt die pro Masseneinheit deponierte Energie an, die **Ionendosis** die pro Masseneinheit durch Ionisationen freigesetzte Ladung.
Das Produkt aus der Energiedosis mit Qualitätsfaktoren zur Risikoabschätzung durch verschiedene Strahlenarten ergibt die **Äquivalentdosis.**
Wird nur ein Organ bestrahlt, kann dessen **Organdosis** ermittelt werden. Die Multiplikation der Organdosis mit einem für jedes Organ festgelegten Wichtungsfaktor ergibt die **effektive Dosis.** Dies ist die Dosis einer Ganzkörperbestrahlung, die das gleiche Strahlenrisiko verursacht wie die Bestrahlung des einzelnen Organs.

Qualitätsfaktoren der Äquivalentdosis

(23)

Strahlenart	q
Elektronen	1
Positronen	1
Neutronen	10
25 keV Röntgenstrahlung	1
charakteristische Röntgenstrahlung	1
γ-Strahlung	1
α-Strahlung	20
15 MeV-Röntgenstrahlung	1

Für alle Arten von Photonenstrahlung ist q = 1, unabhängig von ihrer Energie.
q = 10 für Neutronen und q = 20 für α-Teilchen sind häufig gefragte Werte.
Bei genauerer Betrachtung ist der Qualitätsfaktor für Neutronen abhängig von deren Energie. Das Gleiche gilt für Ionenstrahlung.

Abstandsgesetz

(24) Antwort B

Das radioaktive Präparat wird als punktförmige Quelle angenommen, dann gilt das **quadratische Abstandsgesetz.** Die Impulsrate ist proportional zu $1/r^2$.
In der 3-fachen Entfernung fällt die Impulsrate auf $^1/_9$ des ursprünglichen Wertes, 675/9 = 75.

Natürliche Strahlenbelastung

(25) Antwort C

Die natürliche Strahlenbelastung hängt stark vom Wohnort und den Lebensgewohnheiten ab. So beträgt die Hintergrundstrahlung in dem für seine radonhaltigen Quellen bekannten Schwarzwaldkurort Bad Menzenschwand 18 mSv/a.
Die Strahlenbelastung einer Thoraxaufnahme mit einem modernen Röntgengerät liegt bei 20 µSv und beträgt damit $^1/_{100}$ der natürlichen Strahlenbelastung.
Der Grenzwert für berufliche Strahlenexposition wurde auf 20 mSv/a festgelegt.
Der bisher registrierte Maximalwert natürlicher Hintergrundstrahlung wurde mit 814 mSv/a im iranischen Ramsar gemessen.

Medizinische Strahlexposition

(26) Antwort E

Für die medizinische Strahlenexposition des Patienten existiert kein Grenzwert. Es erfolgt jeweils eine Nutzen-Risiko-Abwägung unter medizinischen Gesichtspunkten.
Schon eine großvolumige CT-Aufnahme kann zu einer Strahlenexposition bis zu 10 mSv führen. Selbstverständlich ist jede unnötige Strahlenexposition zu vermeiden.

Ionisationskammer

(27) Die Masse der Luft ist

$$m = \rho \cdot V = 1{,}2\,\frac{kg}{m^3} \cdot 200 \cdot 10^{-6}\ m^3 = 2{,}4 \cdot 10^{-4}\ kg$$

Der elektrische Strom transportiert die Ladung

$$15\ \mu A = 1{,}5 \cdot 10^{-5}\ \frac{C}{s}$$

Dann ist die Ionendosisrate

$$\frac{dD_I}{dt} = \frac{1{,}5 \cdot 10^{-5}\ C \cdot s^{-1}}{2{,}4 \cdot 10^{-4}\ kg} = 6{,}25 \cdot 10^{-2}\ C \cdot kg^{-1} \cdot s^{-1}$$

und die Energiedosisrate

$$\frac{dD}{dt} = 6{,}25 \cdot 10^{-2}\ C \cdot kg^{-1} \cdot s^{-1} \cdot 33{,}97\ J \cdot C^{-1} = 2{,}1\ Gy \cdot s^{-1}$$

Der Wert von 33,97 J/C für die Ionisationskonstante der Luft wurde als internationaler Standard festgelegt. Ionisationskammern sind in der medizinischen Technik weit verbreitete Strahlungsmessgeräte. Die gemessene Größe ist die Ionendosis, aus der dann die Energiedosis errechnet werden muss.

Nichtthermische Wirkung

(28) Wir nehmen das Körpergewebe als wasseräquivalent an und gehen von einer spezifischen Wärme von 4,2 kJ/kg aus. Die Kenntnis des Körpergewichts der Person ist nicht notwendig, denn wir berechnen die Energiezufuhr und Temperaturerhöhung pro kg.

$$\Delta T = \frac{10\ J \cdot kg^{-1}}{4{,}2 \cdot 10^3\ J \cdot kg^{-1} \cdot K} = 2{,}4 \cdot 10^{-3}\ K$$

Die Erwärmung wird hier nicht die Todesursache sein. Ionisierende Strahlung hat eine nichtthermische Wirkung. Das ist vergleichbar mit dem Projektil aus einer Schusswaffe, dessen kinetische Energie geringer sein kann als die eines Faustschlags, das aber wegen der lokalen Energiedeposition wesentlich gefährlicher ist.
Im Gegensatz dazu ist es bei Unfällen mit Radaranlagen vereinzelt zu Todesfällen aufgrund der Überwärmung des Körpers gekommen.

Dosisberechnung

(29) Aus der Aktivität und der Halbwertszeit kann auf die Zahl der Jod-Atome geschlossen werden. $t_{1/2} = 8{,}02\ d = 8{,}02 \cdot 24 \cdot 3600\ s = 6{,}93 \cdot 10^5\ s$

$$A = \lambda \cdot N = \frac{\ln(2)}{t_{1/2}} \cdot N$$

$$N = \frac{A \cdot t_{1/2}}{\ln(2)} = \frac{500\ s^{-1} \cdot 6{,}93 \cdot 10^5\ s}{0{,}69} = 5 \cdot 10^8$$

Da alle Jod-Atome in der Schilddrüse verbleiben und dort zerfallen, ist die dort deponierte Energie

$$W = 5 \cdot 10^8 \cdot 606\ keV = 5 \cdot 10^8 \cdot 606 \cdot 10^3\ V \cdot 1{,}6 \cdot 10^{-19}\ C = 4{,}8 \cdot 10^{-5}\ J$$

Die Schilddrüse erhält die Organdosis

$$D = \frac{4{,}8 \cdot 10^{-5}\ J}{40 \cdot 10^{-3}\ kg} = 1{,}2 \cdot 10^{-3}\ Gy = 1{,}2\ mGy$$

Der Qualitätsfaktor für β-Strahlung ist 1 und damit die Äquivalentdosis 1,2 mSv.
Die ICRP hat 2007 den Wichtungsfaktor für die Schilddrüse mit 0,04 festgelegt.
Die effektive Äquivalentdosis ist damit

$$H = 0{,}04 \cdot 1{,}2\ mSv = 4{,}8\ \mu Sv$$

Im Vergleich dazu liegt die natürliche Strahlenbelastung mit 2 mSv/a etwa 500-mal höher. Man hätte also auch größere Mengen dieser jodbelasteten Milch trinken können, ohne sein Gesundheitsrisiko nennenswert zu erhöhen.

Photonenstrahlung

(30) Antwort E
Das Photon gibt Energie an das Elektron ab. Daher hat es nach der Streuung eine größere Wellenlänge und eine kleinere Frequenz als zuvor. Seine Geschwindigkeit bleibt unverändert. Das Photon bewegt sich immer mit der Lichtgeschwindigkeit im jeweiligen Medium.
Die Streuung von Photonen in Materie wird **Compton-Effekt** genannt.

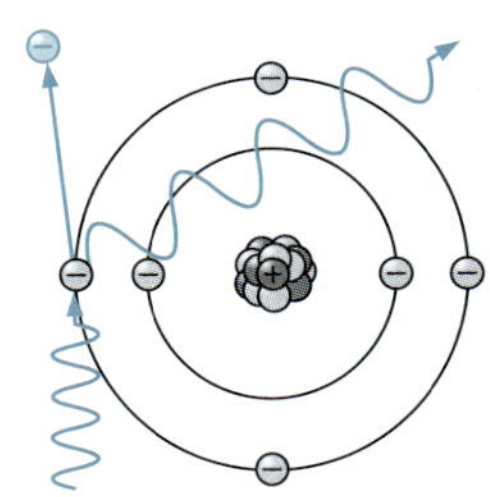

Compton-Effekt

Die Wellenlängenänderung des Photons hängt von dem Winkel ϕ, um den es gestreut wird.

$$\Delta\lambda = \frac{h}{m \cdot c}(1 - \cos\varphi)$$

m ist die Masse des Teilchens, an dem das Elektron gestreut wird, hier die Masse des Elektrons.
Der Ausdruck $\lambda_c = \frac{h}{m \cdot c}$ wird auch als **Compton-Wellenlänge** bezeichnet. So lässt sich abkürzen

$$\Delta\lambda = \lambda_c(1 - \cos\varphi)$$

Die Compton-Wellenlänge des Elektrons ist $2{,}4 \cdot 10^{-12}$ m.

Wechselwirkungen

(31) Antwort A

Bei Photonenenergien bis zu 200 keV ist der Photoeffekt die dominierende Wechselwirkung. Der Compton-Effekt dominiert ab etwa 400 kev.

Für die Bildung eines Elektron-Positron-Paares ist mindestens eine Energie von 1,022 MeV erforderlich. Die Energie der in der Röntgendiagnostik verwendeten Strahlung reicht dazu nicht aus.

Für die Anregung von Molekülen reichen schon wenige Elektronenvolt aus. Eine Anregung kann schon durch sichtbares oder UV-Licht ausgelöst werden. Ionisierende Strahlung überträgt wesentlich größere Energiebeträge. Anregungsvorgänge spielen deshalb bei der Wechselwirkung mit ionisierender Strahlung keine entscheidende Rolle.

Filterung

(32) Antwort C

Nur Strahlung, die den Patienten durchdringt, erzeugt das Röntgenbild. Niederenergetische Strahlungsanteile werden im Körper des Patienten absorbiert. Sie führen zu einer Strahlenbelastung, ohne dass sie zur Bildentstehung beitragen.

Die niederenergetische Photonenstrahlung wird stärker absorbiert als Strahlung mit größerer Energie. Die niederenergetischen Anteile werden fast vollständig vom Filter absorbiert. Man spricht von einer „Aufhärtung“ der Röntgenstrahlung.

Jedes Röntgengerät verfügt auch über ein Blendensystem, um den Nutzstrahl auf den gewünschten Aufnahmebereich einzugrenzen (E), das ist aber nicht die Aufgabe der Filterung.

Energieabhängigkeit

(33) Antwort E

Die Antwort kann hier nicht berechnet, sondern nur nach dem Ausschlussprinzip ermittelt werden.

Hochenergetische Photonenstrahlung wird weniger stark absorbiert als solche mit geringerer Energie. Daher ist eine größere Materialstärke erforderlich, um die 500 keV-Strahlung auf die Hälfte ihrer Intensität abzuschirmen. Somit ist nur Antwort (E) sinnvoll.

Schichtdicken

(34) Antwort D

Das Ergebnis kann gut abgeschätzt werden. 12 mm sind etwas mehr als 2 Halbwertsschichtdicken. 2 Halbwertsschichtdicken würden die Dosisrate auf ¼ = 25 % reduzieren, 3 Halbwertsschichtdicken auf ⅛ = 12,5 %. Der gesuchte Wert muss zwischen diesen beiden Werten liegen. Das trifft nur auf (D) zu.

Die Rechnung ergibt

$$\frac{I}{I_0} = e^{-\frac{\ln 2}{5{,}3\,mm}\cdot 12\,mm} = 0{,}208 = 20{,}8\ \%$$

Absorptionseigenschaften

(35) Die Intensität der Strahlung und damit auch die registrierte Impulsrate nimmt exponentiell mit der Dicke der durchstrahlten Schicht ab.

$$I = I_0 \cdot e^{-\mu \cdot d}$$

$$\frac{128\ min^{-1}}{1250\ min^{-1}} = e^{-\mu \cdot 50\ mm}$$

Aus den beiden Impulsraten kann der lineare Schwächungskoeffizient bestimmt werden

$$\mu = -\frac{1}{50\ mm} \cdot ln\left(\frac{128}{1250}\right) = 4{,}56 \cdot 10^{-2}\ mm^{-1}$$

Der lineare Schwächungskoeffizient hängt mit der Halbwertsschichtdicke zusammen

$$\mu = \frac{\ln 2}{d_{1/2}}$$

$$d_{1/2} = \frac{\ln 2}{4{,}56 \cdot 10^{-2}\ mm^{-1}} = 15{,}2\ mm$$

Der Massenschwächungskoeffizient ist

$$\frac{\mu}{\rho} = \frac{4{,}56 \cdot 10^{-2}\ mm^{-1}}{2{,}7\ g/cm^3} = \frac{4{,}56 \cdot 10^{-2}\ mm^{-1}}{2{,}7 \cdot 10^3\ g \cdot mm^{-3}}$$

$$= 16{,}8\,\frac{g}{mm^2} = 1{,}68 \cdot 10^4\,\frac{kg}{m^2}$$